# 零基础玩转短视频：拍摄剪辑

郭绍义　黄胜雪　汪溪遥　著

U0340470

天津出版传媒集团

天津科学技术出版社

**图书在版编目（CIP）数据**

零基础玩转短视频：拍摄剪辑 / 郭绍义，黄胜雪，
汪溪遥著. -- 天津：天津科学技术出版社，2024. 12.
ISBN 978-7-5742-2607-4

Ⅰ. TN948.4

中国国家版本馆CIP数据核字第2024NW6015号

---

零基础玩转短视频：拍摄剪辑
LINGJICHU WANZHUAN DUANSHIPIN : PAISHE JIANJI

责任编辑：胡艳杰

| | | |
|---|---|---|
| 出 版： | 天津出版传媒集团 | |
| | 天津科学技术出版社 | |
| 地 址： | 天津市西康路35号 | |
| 邮 编： | 300051 | |
| 电 话： | （022）23332695 | |
| 网 址： | www.tjkjcbs.com.cn | |
| 发 行： | 新华书店经销 | |
| 印 刷： | 水印书香（唐山）印刷有限公司 | |

---

开本 670×950　　1/16　　印张12　　字数 150 000

2024年12月第1版第1次印刷

定价：49.80元

当今时代，人们的学习和生活都离不开互联网，通过智能手机这一媒介，人人都可以方便快捷地提出问题、解决问题。而短视频正是这一时代背景下的产物，是将视觉画面与音效相结合的短则几秒、长则几分钟的动态短视频格式。

短视频的优点十分明显。它的受众广泛——各个年龄段、各种职业、不同学历或性别的人都乐于观看短视频，因为与传统的书本和文字相比，短视频更生动、更易于理解。它的制作成本很低——短视频的制作和发布几乎没有门槛，智能手机的流行为人们提供了方便简洁的拍摄剪辑程序，因此每一个人都可以是短视频的创作者。它的传播速度快——短视频可以通过各种社交媒体平台被快速分享，一传十，十传百，信息扩散的速度可谓一日千里。它的内容十分多样化——短视频涵盖了娱乐、教育、文体、美食等多个领域的内容，集多种功能于一体，甚至可以通过大数据来进行个性化定制，推荐观众感兴趣的内容。它具有商业价值——许多短视频平台为创作者设置了流量变现和打赏机制，同时也为观众提供了观看时长兑换奖励的机制；一些流量较好的短视频发布者甚至可以将其发展为一种职业，因此产生了许多时间较为自由的岗位；一些品牌商家也可以通过短视频来快速宣传品牌信息，与流量较好的短视频创作者达成合作，吸引潜在客户，来实现经济上的共赢。

近年来，随着科技的进步，我国短视频用户数量显著增长，已突破 10 亿，并且用户使用率非常高。随着技术的进一步发展和人们思想观念的变化，短视频将继续保持快速发展的劲头，市场规模不断扩大，预计将会有越来越多的使用者和创作者参与其中。因此，许多人对短视频的创作过程与技巧产生了浓厚的兴趣，本书正是基于此需求而诞生的。

本书共分八章，对拍摄短视频的前期准备、拍摄设备的选择、拍摄手法与镜头语言、剪辑短视频的基本操作、音频制作、字幕制作、短视频特效制作、短视频的导出与发布等方面进行了细致讲解。无论是从未接触过短视频拍摄剪辑的新手，还是已经有一定经验的短视频创作者，都能从本书中获得有价值的知识与实用的操作指导。

书中出现的实操案例用到的 Pr 软件版本为 v23.0.0，剪映软件版本为 v13.0.0，这两种软件的其他版本的操作界面可能有所不同。由于软件更新迭代的速度非常快，书中难免会有疏漏和不足之处，敬请广大读者及专家指正。

# 第1章

## 拍摄短视频的前期准备

# 第2章

## 拍摄设备的选择

# 第3章

## 拍摄手法与镜头语言

# 第4章

## 剪辑短视频的基本操作

# 第 5 章

## 音频制作

# 第 6 章

## 字幕制作

# 第 7 章

## 短视频特效制作

# 第 8 章

## 短视频的导出与发布

# 第 1 章

## 拍摄短视频的
## 前期准备

# 1.1 确定短视频主题

在我们平时的生活当中，如果你想同家人朋友利用假期进行一次旅行，那么首先就要共同商定旅行的目的地；倘若你想完成一幅画作，那么首先就要确定这幅画的选题和立意。创作短视频也是同样的道理，确定主题是创作一部好的短视频的第一步，也是最关键的一步，只有确定了明确清晰而有意义的主题，才能避免短视频内容出现杂乱无章、浮于表面、找不到重点等问题。

## 1.1.1 短视频主题的分类

短视频的拍摄内容可以是我们生活中的方方面面，它的主题也是多种多样的。经过归纳整理，短视频的主题大致可以分为以下几类。

（1）生活日常：记录日常生活中的有趣时刻、家庭成员的互动、生活技巧等。

（2）美妆与时尚：展示化妆教程、潮流服装搭配、对时尚趋势的分析等。

（3）音乐和舞蹈：展示声乐技巧、创作编曲、演奏各类乐器、编排舞蹈等。

（4）幽默和搞笑片段：以引人发笑为主要目的，情节往往夸张、滑稽、笑点密集，如脱口秀、相声、热点节目搞笑片段剪辑等。

（5）动物和宠物：展示可爱的宠物、分享与萌宠之间的互动、抓拍户外野生动物等。

（6）美食制作和分享：展示制作美食的过程及方法、分享品尝食物的过程、对知名餐厅进行探店和打分等。

（7）旅行和探险：分享旅行的行程和经历、探索不同地区的文化和风景名胜等。

（8）教育和学习：分享学习方法、软件教程、历史典故等。

（9）DIY 和手工艺：分享艺术创作过程、手工制作方法，如绘画、针织、废弃材料的二次利用等。

（10）游戏和电竞：分享游戏玩法、新游戏测评、电子游戏竞赛等。

（11）科技和创新：展示新科技新方法、数码产品评测、未来发展趋势等。

（12）故事讲述和 Vlog：分享个人趣事、日记式短视频、旅行全流程记录 Vlog 等。

随着用户灵感的产生和创造力的不断涌现，短视频的种类会愈加丰富，短视频的风格和内容也会不断发展和更新。

## 1.1.2　如何选择短视频主题

短视频的主题类型如此繁多，该如何选择适合自己的主题呢？

首先，兴趣爱好是最好的老师，我们可以从自己感兴趣的领域入手。不妨进行一个自我评估，比如问自己：你感兴趣的领域有哪些呢？是音乐、写作，还是演讲、运动呢？选定了其中一个感兴趣的领域，我们就可以拍摄相关内容的短视频了。这样的内容往往能让创作者饱含激情，也更能吸引观众。

其次，可以选择你最擅长的领域确定短视频主题。思考一下你是否有特别的知识或技能？比如，你是一名法律专业的毕业生，那么就可以选择录制时下较为受关注案件的普法短视频；你是一名画家，那么就可以选择录制艺术创作中，从构思到起稿再到最后成稿的绘画全流程的加速短视频。这样可以确保你的作品在同类型短视频中质量较高，专业性较强，保持竞争上的优势。

如果你对短视频的经济收入的金额和稳定性有一定需求，那么就要以你的需求为基点，观察平台上与你预期收入相匹配的短视频内容，对其获得认可的关键点进行分析借鉴，再创作出你自己的内容。如果收入没有达到预期，就要继续观察其他创作者的短视频，分析自己的作品与案例在内容或运营手法方面的差异。如此循环往复，跟随市场变化趋势，收集观众的反馈，可较大程度上保障职业创作者的收入稳定、可控。

## 1.2　制订大纲和收集素材

在选定短视频的主题之后，我们就可以着手制订大纲和收集素材，为拍摄短视频做准备了。制订大纲有利于我们接下来的工作有据可循、事半功倍。全面地收集素材，能保证我们在拍摄短视频时不会手忙脚乱、走回头路，也有利于我们进一步确定短视频的风格和调性。

### 1.2.1　制订内容大纲

首先我们可以根据短视频的主题，确定立意和中心思想，草拟一个短视频的内容大纲。

在这个过程中，我们需要用开阔的思维来考虑各种问题。比如，想要把短视频做成什么样的风格、调性？短视频可能需要哪几个场景，是室内还是室外，是近景还是远景？拍摄地点在哪里更合适？需要哪些人物出场，每个人物在短视频中扮演什么角色，主人公以一个怎样的形

象和身份出场？可能需要用到需要哪些道具，哪些道具出场的频率可能
会更高？

　　如果有条件的话，我们可以事先前往预期拍摄地点进行实地考察，
这样可以更全面地了解场景的地形、不同时间段的光线变化、不同拍摄
道具的价格对比等因素。

## 1.2.2　搜集素材

　　一般来说，我们要收集的素材主要是视觉素材和音频素材。

　　什么是视觉素材呢？我们自己平时拍摄的照片、短视频片段都是
视觉素材。一些专业的资源网站会发布各种类型的图片资源和短视频资
源可供选购，我们可以根据需求合法购买使用。我们也可以询问别的创
作者是否愿意进行合作或转让素材的使用权。一些图形或动画也属于视
觉素材，如品牌 Logo、卡通表情包等。我们可以通过 PS、Flash 等软件
的图形设计模块自己制作，也可以在素材网站或个人商家处购买视觉素
材。在制作短视频时，视觉素材的选择将直接影响短视频整体的风格和
调性。丰富的视觉素材能够给我们选择的空间，进而提升叙事效果，帮
助传达故事情节和信息。比如，在短视频的笑点部分插入卡通表情包，
能够起到吸引观众注意的作用，使其更加投入。视觉素材还能起到解释
说明的作用，如需要向观众解释环境的空间关系时，一张区域地图远比
语言描述更有效率和说服力。

　　音频素材包括背景音乐、画面音效和人物配音等。在制作短视频
时，我们可以选择适合短视频风格和主题氛围的旋律作为背景音乐；添
加画面音效能更好地控制短视频节奏和画面效果，渲染环境氛围；人
物的配音和旁白可以根据剧情需求添加，如果人物的原声真挚而富有情
感，能够满足剧情需要，那么可以忽略这一环节。对于背景音乐和画面
音效，我们同样可以在专业资源网站处进行购买，也可以直接使用短视

频平台提供给创作者的音效。人物配音部分，我们可以请专业的配音演员为短视频配音，也可以使用人工智能等技术进行配音。

良好的前期准备是产出高质量短视频的前提和关键，虽然这一步骤可能会有一些烦琐，但之后我们在制作短视频时将会更加高效和流畅。

## 1.3    完成剧本的制作

在确定了短视频的内容大纲之后，我们就要将大纲细化为剧本了。这一步骤主要起到明确你的创意的作用，来保证短视频的拍摄有序进行。细化故事剧本是一个创造性的过程，你需要在这一过程中清晰地表达你对故事发展的安排，并使其具备吸引观众注意力的能力。这一部分我们将分为总体阐述和剧本梗概两个部分进行详细说明。

### 1.3.1    总体设定

总体设定就是让我们对这个作品的创作理念、环境背景、角色分析、剧情结构、画面处理和视听结合等内容进行前期的分析和确定。

#### 1. 创作理念

创作理念是指驱使我们创作这部作品的核心思想、意图或信念，包括个人信条、情感表达、艺术视角等。简单来说就是：为什么选择这一背景或主人公，是否是因为这一背景下的主人公身份更具代表性？为什么要揭示某一现象、引发某种思考，是否是因为该现象是自己或亲友亲身经历过的，希望引起他人的共鸣或警戒？等等。

## 2. 环境背景

环境背景是指：该短视频里的故事是在一个怎样的场合下发生的，在什么时间点发生的，当时的社会或文化背景是怎样的？等等。

## 3. 角色分析

角色分析需要我们对该短视频中出场的主要人物的年龄、性别、家庭情况、职业、性格特点、兴趣爱好、外貌形象和人生观、价值观等因素进行定义和分析。

## 4. 剧情结构

剧情结构是指：该短视频的叙事方法是正叙、倒叙还是穿插，是总—分—总结构还是其他结构？剧情的发展是以开端—发展—高潮—结局来进行还是以其他方式进行？等等。

## 5. 画面处理

画面处理是指：该短视频中的人物和场景要采用写实化处理还是卡通化处理？画面整体色调是黑白化处理还是艳丽化处理？做这些处理的原因是什么？等等。

## 6. 视听结合

视听结合是指该短视频的背景音、画外音、人物音的主要格调与画面和剧情的风格需要保持统一。只有将短视频中的视觉元素与听觉元素结合起来，才能使其共同为观众营造出完整的、多层次的体验。

## 1.3.2　剧本的梗概与丰富

完成了前期一系列的设定后，我们就可以撰写故事的剧本梗概了。

剧本梗概是指以讲故事的方式叙述该短视频的主要内容，其特点是简洁明了，用来交代故事的主要情节和关键转折点。三段式结构的剧本梗概是最经典的，即第一段交代故事的开端，第二段描述故事的发展过程，第三段交代故事的结局。

撰写完剧本梗概后，我们可以对其进行内容上的丰富，使其变成一个更加完整的剧本。比如，添加对于场景的描述、人物之间的对话台词和必要的动态描述，直白的语言描写会更加利于观众理解。

完成了剧本初稿之后，我们还要进行认真地审阅和修改，确保剧情流畅，符合最初的创作理念和设定，能够表达短视频的主题思想，易于观众理解。这个过程中，我们可以请身边的人来帮忙审阅，避免出现剧情的漏洞、跑题等问题。

# 1.4 制作分镜头脚本

通过制作分镜头脚本模拟短视频内容，是一个将短视频的剧本内容视觉化的过程。许多著名的电影和动漫都会在实际开机之前通过制作分镜头脚本来进行内容的模拟，以避免后期出现问题。如果你对短视频的质量有较高要求，可以在拍摄短视频之前进行分镜头脚本的制作。

## 1.4.1 制作分镜头脚本的基本步骤

什么是分镜头脚本呢？通俗来讲，就是以文字或图画的方式表现出剧本里的不同镜头。其中需要包含故事的关键信息、发生的场所、人物互动的关键帧、重要的道具以及镜头的角度等。你不必是一个出色的小说家或画家，因为分镜头的文字和图画并不需要太过正式，可以是草稿、线条等，能让别人通过画面和文字描述自动脑补出动态过程就是成功的。

制作分镜头脚本的基本步骤如下。

（1）准备必要的工具和材料。你可以用笔和纸描绘分镜头，这是较为传统的方式；也可以使用电脑绘图软件，如 PS、Flash、SAI 等软件，或者一些办公软件，如 Word 和 PPT 等，这种方式有利于修改，更为高效。

（2）根据你的剧本或梗概，列出所有必要的镜头，要包括场景信息、人物对话和转场等。通常来说，对于 1~3 分钟的短视频，20 个以内的分镜头就足够了。

（3）设计每一个镜头的具体画面，对于每个镜头用文字或图画描绘出画面的布局，注明关键元素、场景的细节等，如镜头编号、镜头运动方式、镜头持续时间、画面内容、画面景别、人物台词和音效等。这些信息能够帮助我们和同一团队的人快速查阅，保证拍摄顺利高效地进行。

完成分镜头脚本的制作后，我们要浏览整体内容，进行查缺补漏，看是否有需要完善和改进的地方。我们可以根据需求对其进行及时的调整和更改，这样能够节约后续工作流程中的人力和物力。

## 1.4.2　分镜头脚本案例演示

下面我们来看一个完整的从总体设定到分镜头脚本的案例。

### 1. 总体设定

创作理念：这个作品通过第三人称视角，以一位从工厂退休多年的老人的故事为主线进行展开。作品通过倒叙的手法，讲述了在人们生活日益美好的城市中，一个老人在院子里看报纸时睡着了，在睡梦中回忆起当年自己在工厂辛勤工作的故事。作品体现了当下社会秩序稳定，离不开老一辈工人阶级的艰苦奋斗和无私奉献，没有他们的艰苦奋斗、砥砺前行，就没有如今我们的幸福生活。

环境背景：当代，国内某城市。

角色分析：主人公曾经是一名钢铁厂工人，已退休多年，性别男，年龄70岁，头戴渔夫帽，身着便装，是一个热爱生活、勤劳、怀旧的形象，符合在看报纸时睡着继而梦见年轻时在工厂劳作的剧情设定；配角驾驶员同事在主角的回忆中出现，同为钢铁厂工人，性别男，年龄20岁上下，身着劳动服，是努力、认真、负责的形象。

剧情结构：叙事方法为倒叙，剧情结构为总—分—总，剧情的展开方式为开端—发展—高潮—结局。

画面处理：人物采用了偏卡通化处理，方便展示人物情绪；现代部分画面采用较为明亮柔和的色调，回忆部分画面采用低饱和度的色调，以适应题材。

视听结合：人物对话采用写实音效，方便渲染情绪氛围；环境音采用写实音效，以体现时代背景。

2. 剧本梗概

第一场：在人们安居乐业的现代化城市里，一名老人正躺在自家院中的吊床上晒着太阳看报纸，报纸上正刊登着庆祝某钢铁厂成立70周年的新闻，这正是老人年轻时工作的地方。

第二场：数十年前钢铁厂招工，主人公（年轻时的老人）前来应聘，他成功当上了一名钢铁厂的调车员。某天工作时，同事突然前来通知他，某辆火车出现了故障，可能会发生事故。他忙拿起对讲机联系驾驶员，并迅速地控制住了局面，对向车辆最终在危机发生前停了下来，驾驶员长叹了一口气。

第三场：老人拿开脸上的报纸从梦中醒来，睁开惺忪的睡眼，看到眼前高楼林立，恍如隔世。

### 3. 分镜头脚本设计

（1）分镜头 1

时长：**5 秒**。

内容：高楼林立的城市中，街上车来车往，行人熙熙攘攘（图 1-1）。

动作：燕子飞过。

声音：城市背景音、鸟鸣声。

台词：无。

镜头运动：淡入。

景别：大远景。

图 1-1

（2）分镜头 2

时长：**5 秒**。

内容：一位老人正躺在院子里的吊床上看报纸（图 1-2）。

动作：翻阅报纸。

声音：翻书声、风吹树叶声。

台词：无。

镜头运动：推镜头——由整体推至老人。

景别：全景。

图 1-2

（3）分镜头 3

时长：3 秒。

内容：老人专心地看报纸（图1-3）。

动作：无。

声音：背景音。

台词：无。

镜头运动：无。

景别：特写。

图1-3

（4）分镜头 4

时长：2 秒。

内容：报纸正刊登着庆祝钢铁公司成立 70 周年的新闻（图1-4）。

动作：无。

声音：背景音。

台词：无。

镜头运动：推镜头——由整体推至该新闻。

景别：特写。

图1-4

（5）分镜头 5

时长：7 秒。

内容：回忆画面，几十年前钢铁公司招工场景，人山人海（图 1-5）。

图 1-5

动作：人群涌动。

声音：人群说话声。

台词：

　　路人："来了来了。"

　　路人："一个月能赚……"

镜头运动：移镜头——由左平移至右。

景别：远景。

（6）分镜头 6

时长：2 秒。

内容：主人公（年轻时的老人）前来钢铁厂上班（图 1-6）。

图 1-6

动作：走动。

声音：嘈杂声。

台词：无。

镜头运动：无。

景别：中景。

（7）分镜头 7

时长：3 秒。

内容：火车在轨道上行驶（图 1-7）。

动作：火车行驶。

声音：火车行驶声、鸣笛声。

台词：无。

镜头运动：无。

景别：全景。

图 1-7

（8）分镜头 8

时长：4 秒。

内容：主人公的同事前来通知，某辆火车出现了故障（图 1-8）。

动作：对话、手势。

声音：嘈杂声。

台词：

同事："那边的火车出故障停在轨道上了，赶快去看看吧。"

镜头运动：无。

景别：中景。

图 1-8

（9）分镜头 9

时长：3 秒。

内容：主人公拿着对讲机，迅速
　　　行动起来（图 1-9）。

动作：拿、奔跑。

声音：跑步声。

台词：无。

镜头运动：无。

景别：近景。

图 1-9

（10）分镜头 10

时长：5 秒。

内容：主人公与驾驶员通过对讲
　　　机紧急沟通（图 1-10）。

动作：对话。

声音：对话音。

台词：

　　　主人公："火车还能启动吗?"
　　　驾驶员："启动不了，现在
　　　故障还没排除！"

镜头运动：无。

景别：特写。

图 1-10

（11）分镜头 11

时长：2 秒。

内容：主人公紧急通知轨道上的对向车辆并试图截停（图 1-11）。

动作：手势。

声音：呼喊声。

台词：

　　主人公："出故障了！快停下来。"

镜头运动：无。

景别：中景。

图 1-11

（12）分镜头 12

时长：2 秒。

内容：对向车辆紧急制动，终于在危急时刻前停了下来（图 1-12）。

动作：停车。

声音：铁轨摩擦声。

台词：无。

镜头运动：无。

景别：全景。

图 1-12

（13）分镜头 13

时长：4 秒。

内容：驾驶员长舒一口气（图
　　　1-13）。

动作：舒气。

声音：背景音。

台词：

　　　驾驶员："呼，还好没事。"

镜头运动：无。

景别：中景。

图 1-13

（14）分镜头 14

时长：5 秒。

内容：老人脸上盖着报纸，从梦
　　　中醒来（图 1-14）。

动作：拿开报纸。

声音：拿报纸声。

台词：无。

镜头运动：无。

景别：中景。

图 1-14

（15）分镜头 15

时长：3 秒。

内容：老人睁开眼睛，眼前城市
高楼林立（图 1-15）。

动作：睁眼。

声音：城市背景音。

台词：无。

镜头运动：淡入。

景别：大远景。

图 1-15

## 1.5 标题与封面

由于短视频类别和数量繁多，观众的时间和精力有限，在浏览短视频时往往根据第一眼看到的内容决定是否点击继续观看，而标题与封面几乎是能在第一时间吸引观众注意力的决定性因素。因此，选取一个好的标题与封面对于短视频的浏览量起着举足轻重的作用。

### 1.5.1 标题的选取

短视频标题的重要性不言而喻，它往往对短视频内容起着解释说明、吸引观众注意力、激发观众好奇心、反映个人风格、提高平台搜索热度等作用。标题的选取很大程度上决定了短视频的曝光度和受众群体。因此，选择短视频的标题要注意以下几点。

### 1. 精准关键词

短视频的标题往往由几个关键词组成，因为在绝大部分短视频平台，短视频的标题都是有字数限制的，所以这几个关键词要精简干练，且能准确反映短视频内容。

### 2. 创造好奇心

短视频的标题可以尽量带有悬念，这样可以激发观众的好奇心，从而点开短视频观看。这里我们可以巧妙地运用疑问句式和感叹句式，如"准备今年上岸的你，知道这些关键信息吗？""他竟然真的做到了！"等。

### 3. 激发同理心

如果你的短视频标题能够让特定群体观众产生共鸣，那么会大大增加对这部分群体的吸引力。比如："00 后大学生的求职现状""上班族家庭难以平衡的无奈"等。

### 4. 具有实用性

如果你的标题能使用户觉得短视频的实用价值较高，那么你将会收获一批对你具有信赖度和忠诚度的用户。比如："手把手教你如何快速上手办公软件""你想要的面试技巧全在这里了"等。

### 5. 流行词的使用

我们可以添加一些时下的流行词，还可以使用流行的口头禅吸引观众注意力，这样有利于提高人们通过搜索引擎发现我们的短视频的可能性。比如："不是吧！""谁懂啊！""瞒不住了"等。

## 1.5.2　封面的选取

当我们点开短视频软件时，由于短视频封面的图形化特质和所占篇幅面积相对于文字来说更大，所以封面首先映入观众眼帘，并且容易给观众带来较强的视觉冲击力。总体来说，短视频的封面起着与标题同样重要的作用。

### 1. 选取关键帧

我们在为短视频选取封面时，最简单高效的方法就是从所拍摄的内容中截取关键帧。大多数平台会将短视频的第一帧默认为封面，这时我们需要手动从自己的短视频中挑选出最精彩的一帧画面并设置成封面，来提高短视频的吸引力。

### 2. 图文并茂

我们可以将短视频的封面看成一个用于推荐短视频这一商品的宣传板，在短视频封面上适度添加文字说明，有时候更能引起观众的注意。封面上添加文字的优势是可以不受平台字号的大小、颜色和字体等限制，自由度较高，能够轻易达到醒目的效果。

### 3. 趣味图标

有时候，在短视频封面添加一些趣味表情或图标会起到意想不到的正面作用。甚至可以直接选择趣味图标作为短视频封面，与现实造成戏剧性反差，从众多短视频中脱颖而出，达到四两拨千斤的效果。

### 4. 设计封面

我们要使短视频封面具有能够吸引观众兴趣的视觉焦点，而不是处处都要吸引观众注意，那样只会让封面变得杂乱无章。另外，高质量的、专业的图像更能吸引观众注意，因此，我们可以在平台限制的合理范围内，上传分辨率更高的图像作为封面。

# 1.6　热点内容借鉴分析

对时下的热点内容、高浏览量和高收益的短视频的借鉴与分析是提高内容流行度和增加自身吸引力的有效方法。通过对这些成功案例的不断学习和研究，我们可以更好地把握时下的热点，并将其用于短视频创作的实践中来。

### 1. 关注流行趋势

我们要紧跟流行动向，随时注意各大短视频平台发布的热门话题、热门人物和流行词，推测未来一定周期内的流行趋势，为自己的作品注入新鲜活力。

### 2. 借鉴竞品短视频

同一分区下相同类型的作品，也就是我们的竞争对手，无论成功与否都是我们的重点参考对象。对于优质的竞品，我们要分析它们的标题、封面以及后期剪辑特效方面的特点，加以借鉴；对于反响较为一般的作品，我们也要对比分析它的不足之处，避免同样的问题出现在自己的短视频中。

### 3. 成功案例分析

对于主页推荐的高流量、高收益、好评如潮的短视频，我们要具体分析其成功的原因，如互动情况、整体时长、运营方式、标签选取及后期处理等。

### 4. 关注新闻事实

生活中我们常常接触的每日新闻和不同平台的热搜都可以与我们的短视频产生联系和互动。我们要随时保持对新闻热点的关注，并学习如何利用热点内容制作出更优质、更吸引人的短视频。

### 5. 加入创新点

在充分吸取了他人作品长处的基础上，能够拥有自己独特的创新点是额外加分的。比如，独特的视角、新的研究方法、新的表现形式等，这些创新点的加入更容易使你的作品脱颖而出。

### 6. 参与热门活动

许多平台都会为了激励创作者而定期组织各种类型的热门活动和挑战，并设置奖金。积极参与这些活动一方面有获得额外奖励的机会，另一方面也能提高自己短视频的曝光度。

第 2 章

拍摄设备的选择

# 2.1  智能手机一键拍摄

随着互联网移动端设备的普及和发展，如今智能手机人手一部、随身携带已经成了常态。近年来，智能手机的市场竞争激烈，各大手机厂商更是在摄影领域不断革新，提高硬件设施，保证拍摄的画面质量、清晰度、平稳度，以及不断更新相关配套优化软件。这为我们使用智能手机一键拍摄短视频提供了先决条件，让我们不需要过硬的专业摄影知识和配套的专业摄影设备，也能拍摄出预期的效果。

## 2.1.1  手机的功能性

在选择拍摄短视频的智能手机时，我们首先要从功能性上进行考虑，如摄像头性能、视频录制功能和系统处理能力等。

### 1. 摄像头性能

一般情况下，像素越高的摄像头拍摄出的短视频画面越清晰。但是，画面质量并不是只受像素影响，也与传感器和镜头的适配度有关，因此，一般具备1200万以上像素摄像头的手机就够用了。另外，摄像头的光圈大小也是画面的重要影响因素，通常光圈越大越能在较暗的环境下拍出清晰的照片。摄像头的光学防抖功能能够帮助我们减少抖动，保持画面稳定。

### 2. 视频录制功能

我们要确保智能手机支持较高的分辨率和刷新率，分辨率至少需要达到1080p，刷新率至少需要达到30赫兹，这样才能较好地呈现短视频。屏幕的色域和亮度峰值决定了手机色彩呈现的还原度和在阳光下的亮度，是我们拍摄外景时需要重点考虑的。快速而精准的自动对焦功能也很重要，能够帮助我们捕捉动态镜头和运动的细节。慢动作录制功能对于手机拍摄短视频也是加分项。

### 3. 系统处理能力

手机的系统处理能力主要由处理器和存储空间决定。我们在选取手机时，应尽量选择配备强大处理器的手机，这样能确保我们在拍摄和编辑短视频时手机保持流畅。存储空间对于我们拍摄短视频非常重要，只有拥有足够的存储空间，我们才能在手机中存储大量收集到的素材，且不必担心由于存储空间不足导致正在拍摄的短视频被强行中断。

## 2.1.2 手机的使用体验和性价比

除了功能性，我们还要考虑手机的使用体验和性价比，如便携程度、电池续航、用户评价与价格等。

### 1. 便携程度

拍摄短视频需要长时间持握手机，因此我们在选择手机时就要考虑到其尺寸和重量。要选择尺寸适中的手机，一般以 6 英寸左右为佳，因为尺寸过大的手机不方便携带，尺寸过小的手机不方便浏览。同时，不要选择重量过重的手机，控制在 250 克以内为佳，因为长时间持握过重的手机会对我们的手腕造成压力，导致拍摄画面抖动。

### 2. 电池续航

选择电池容量大、续航持久、节能的手机也很重要，一般需要电池容量在 2500 毫安时以上。这是因为我们拍摄短视频时手机处于高能耗的工作状态，经久耐用的电池才能满足我们的需要。

### 3. 用户评价

不同品牌的手机对摄影模块后期处理的算法不同，所以我们不能只关注硬件参数，还要参考用户评价，考虑手机的画面色彩和质感是否符合自己的需求。

## 4. 价格

如果你只是用手机来简单记录生活，对摄影质量没有太高要求，那么可以选择高性价比的手机。如果你想一步到位，通过手机拍摄出高质量作品，甚至达到媲美专业相机的水平，那么可以选择各大手机厂商的旗舰机型。

## 2.1.3　产品案例

下面，我们以 2023 年 2 月发布的安卓系统手机三星 Galaxy S23 Ultra 为例来具体讲解一下。

这部手机在各大厂商同年发布的旗舰机中，摄影能力是较为出色的，其各方面参数为：摄像头共配备前置 1200 万像素镜头，后置主摄 2 亿像素镜头、1200 万像素超广角镜头、1000 万像素 3 倍长焦镜头和 1000 万像素 10 倍长焦镜头，支持 100 倍数码变焦和光学防抖；屏幕分辨率为 3088×1440 像素，刷新率最高为 120 赫兹，峰值亮度为 1750 尼特；尺寸为 6.8 英寸，重量为 233 克，搭配高通骁龙 8 Gen2 处理器和 5000 毫安时电池容量。

其拍摄界面如图 2-1 所示，背面外观如图 2-2 所示，"相机设置"界面如图 2-3 所示。用这款手机拍摄的画面如图 2-4 所示。

图 2-1

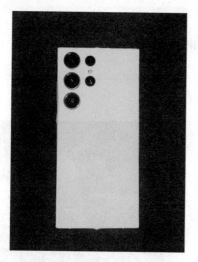

图 2-2

图 2-3

图 2-4

## 2.2　相机让拍摄更加专业

如果你是专业的摄影从业者，对自己的摄影作品有较高的质量要求，那么相机能够满足你的全部需求。相机的经典外观如图 2-5 所示，其拍摄的自由度和灵活度更高，操作也相对更加复杂，上手有一定难度，适合有一定摄影基础、有时间和耐心来调整和学习的人士使用。

图 2-5

### 2.2.1　相机的种类

#### 1. 卡片机

卡片机非常轻便小巧，适合我们日常拍摄或出门携带。它是非常适合初学者使用的一类相机，操作简单好上手，同时价格也较为经济实惠。

但是，由于体量限制，卡片机通常配有较小的传感器，在昏暗环境下的成像效果可能不太理想。它的轻量化也限制了操作的自由度，通常只提供有限的手动设置，可能无法满足追求高创意度的用户。

#### 2. 单反相机

单反相机是专业性较强的一类相机，通常配有更多的专业镜头，并且有较大的传感器，能够保证在不同光线下拥有卓越的成像质量。单反相机为使用者提供了更多的手动控制选择，满足专业需求。

但是，相对于其他种类的相机，单反相机体积较大、重量较重，不利于外出携带，并且不容易长时间手持操控。

3. 微单相机

微单相机的重量介于卡片机和单反相机之间，是较为平衡的一类相机。它相较于单反相机，在有较大操作空间的同时更轻便、易于携带。微单相机通常支持较高的帧率和分辨率，具有快速对焦功能，能轻松应对快速运动变化的场景，并提供高质量的视频录制功能，非常适用于短视频的拍摄。

但是，微单相机相对来说价格较高，并且相较于单反相机，其镜头的选择比较有限。

总体来说，对于主要用途是拍摄短视频的用户，笔者更推荐选择微单相机，因为微单相机的重量适中，又可更换镜头，功能也较为完整丰富。首次购买相机的新手也可以选择微单相机作为自己的第一台相机，因为微单相机灵活度高，上手较为简单，后续调整升级也很方便。第一次选购时还要注意检查镜头是否符合自己的专业需求，如拍摄运动场景、月亮、微观场景、人物特写等，要提前了解不同镜头的适应性。

如果需要拍摄一些更为专业的题材或特殊题材的画面，则可选择单反相机。单反相机的机械结构更为稳定，拍摄自由度较高。有经验的摄影师能够利用单反相机拍摄出不拘一格的独特画面。

## 2.2.2　相机的功能性

我们在选择适合自己的相机之前，了解哪些参数会对相机的功能性产生影响是至关重要的。

对于短视频制作来说，通常 1080p 及以上的分辨率是比较常见的选择。分辨率的高低决定了短视频画面的细节水平，选择更高的分辨率意味着拍摄出的短视频画面更加清晰。

相机的帧率以赫兹为单位，指的是在短视频中每秒显示的画面数量，通常帧率为 60 赫兹及以上是较为常见的选择。帧率决定了相机拍摄的短视频画面的流畅程度，如果需要拍摄快速变化的场景或动感较强的短视频，则应选择帧率上限更高的相机。

选购相机时要确保其具有高质量的视频录制功能，包括可调节的帧率和分辨率选项等；还要注意相机是否内置高质量的录音系统，或可以连接外置麦克风，以提高短视频的音频质量。

IOS 范围代表了相机的感光度。高感光度的相机能够在较暗的环境下拍摄出较明亮的图像，这对经常在昏暗环境下工作的摄影从业者有较大的帮助。需要注意的是，过高的 IOS 值可能会导致图像产生噪点，影响画质。

传感器尺寸将直接影响到图像质量、景深控制和低光性能。通常越大的相机传感器上述表现越出色，但也会导致相机的总体重量加大。

良好的自动对焦系统和图像稳定性对于拍摄动态场景或捕捉运动细节至关重要。快速准确的自动对焦系统能够确保运动中的画面主体的清晰度，图像的稳定性能有效减少手持不稳、晃动所造成的画面模糊。

市面上有多种可供我们选择的镜头，不同的镜头对应着不同的拍摄效果，我们还要了解相机是否支持更换镜头，以及所支持的镜头规格和种类。

除了上述内容，我们还要注意相机是否有支持连接外接设备的接口，如 USB 接口、HDMI 接口、Wi-Fi 接口等，以便在需要的时候更方便地传输文件。

### 2.2.3　相机的品牌

下面，我们具体介绍一下目前市面上常见的四大相机品牌：索尼、佳能、富士、尼康。

#### 1. 索尼

索尼相机通常具有较高的短视频录制水平，通常支持 4K 高清视频录制，并配有较高的帧率选项，对焦快，IOS 范围较大，在短视频和图像传感器技术上表现较为出色。但是，索尼相机价格较为高昂，尤其是部分高端机型，适合专业的摄影从业者选购。

### 2. 佳能

佳能相机的产品线分布广泛，从入门级相机到专业级相机一应俱全，为不同需求的人提供了选择。佳能相机提供了自然而饱满的拍照色彩科技，能够直拍出唯美的人像效果，并且拥有快速自动对焦系统，适合拍摄运动场景，广受好评。需要注意的是，佳能相机部分基础型号在产品规格上受到限制，可能不支持 4K 高清视频录制。

### 3. 富士

富士相机以其独特的色彩感和模拟胶片效果而受到欢迎，风格化明显。富士相机在产品线上做了优化，提供了小规格、轻量化的设备，如 XT 系列相机，适合外出携带。但是，富士相机在视频拍摄方面可能不如其他品牌的一些专业设备。

### 4. 尼康

尼康相机以卓越的品质而著称，适用于多种场合，尤其是户外。尼康相机能够高度还原拍摄画面的色彩，产出优质的图像。但是，一些基础或中端的机型可能仅支持较低的视频规格。

## 2.3　拍摄辅助设备的选择

选择合适的拍摄辅助设备，能够使我们的拍摄过程如鱼得水，提高我们的短视频拍摄效果和创意实现效果。随着短视频的拍摄制作变得越来越流行，辅助设备也变得多种多样，下面我们一起看看都有哪些拍摄辅助设备，它们各自具备怎样的功能吧。

### 1. 稳定器

稳定器适用于手机或相机没有固定支撑的情况，能够有效降低画面抖动，保持画面平稳，使短视频看起来更专业，适用于跑步等运动场景。

### 2. 三脚架

三脚架能为手机或相机提供固定的支撑，能减少相机晃动，使画面保持稳定，适用于拍摄无镜头运动的固定场景和画面。

### 3. 移动轨道

移动轨道能使手机或相机在水平方向上流畅而平滑地移动，创造更加多样化的镜头运动，如跟镜头和移镜头等，为拍摄增添创意。

### 4. 灯光及背景

灯光的加入能够提供除自然光外的额外光源，如点光、面光和聚光灯等，在室内或昏暗的背景下保证拍摄画面的亮度和细节清晰度。背景幕布能够起到统一画面背景、突出主体物的作用；风格化的背景布置还能增加画面的趣味性，使短视频更具吸引力。

### 5. 外置麦克风

外置麦克风能够有效提高录制的音频质量，改善声音效果，适用于演员对话、背景音的录制。

### 6. 广角镜头和鱼眼镜头

广角镜头和鱼眼镜头适用于拍摄特殊的画面视野效果。广角镜头能够用来扩大拍摄视野，捕捉场景细节，增加画面立体感。鱼眼镜头是一种焦距极短的镜头，可以用于全景拍摄。

# 第 3 章

## 拍摄手法与
## 镜头语言

# 3.1　画面的构图

摄影画面的构图在短视频创作中起着非常重要的作用，它是作者表达主题和情感的体现。利用画面的构图，摄影师能够巧妙地将主题所需的人、物、景以及其他所需元素结合在同一画面中，并通过调整物体的大小形状、位置摆放、比例分配、光线明暗、颜色色调与纯度等，来分清画面的主从关系，使画面层次分明、观感舒适、主题明确，从而大大提高作品画面的艺术性和感染力。本节我们将介绍几种常用的构图方法，希望能帮助大家快速领略构图的美感。

## 3.1.1　主体与客体的关系

在了解构图之前，我们先来看一下画面中主体与客体的关系。

在短视频的拍摄中，由于画面是动态的，构图方式也应与静止的照片有所区别。为了更好地凸显主题，短视频的画面中主体之外的部分应尽量保持整洁，如果短视频画面的每一部分都精致出彩的话，会导致画面杂乱无章，使观众失去视觉重心。

短视频中的主体奠定了整个短视频的主题和基调，是承载了摄影师思想的主要元素，其表现力应该是最突出的。除此之外的其他元素作为陪衬，都不应该超过主体的抢眼程度。

与主体产生互动的客体处于第二主要阶层，并与短视频的主题具有一定关联性，所以其吸引观众目光的能力应该仅次于主体。

其他的元素作为整个短视频画面的点缀和背景出现，处于次要阶层，其存在的目的通常是为了平衡画面和衬托其他物体，其表现力应该是最弱的。需要注意的是，不要为了面面俱到而喧宾夺主。

### 3.1.2　中心构图

中心构图是常见的一种构图方法，即将视觉重心放在画面中央的一点，画面无论横纵都能形成视觉平衡的构图。中心构图具有稳定、更能凸显主题和展示细节的优点，但过多地使用可能会造成观众的视觉疲劳，较为缺乏新意。中心构图通常适用于对主体的特写、微距摄影、关键细节展示中，如图 3-1 所示。

图 3-1

### 3.1.3　对称构图

对称构图为画面上下对称或左右对称的一种构图方法，呈现出对称式平衡的结构。这种构图方法会带给观众稳定、庄重、大气和安逸的视觉感受。其缺点是较为严肃呆板，缺乏活力。对称构图通常适用于古建筑、水面倒影等场合的拍摄，如图 3-2 所示。

图 3-2

### 3.1.4　九宫格构图

九宫格构图顾名思义，即为用一个"井"字形的横竖两条线将画面均分成九份，将视觉中心放在两条线的交叉点或线条上。这种构图方式会带来独特的视觉效果，更容易吸引人的目光。这种构图方法被广泛运用在了手机和相机中，只要在"设置"界面中打开"网格线"功能，我们就可以参照线条位置来安排画面的九宫格构图了。想要合理运用九宫格构图，我们就要根据画面具体内容来选择关键点的位置，如图 3-3 所示。

图 3-3

### 3.1.5　框架构图

框架构图即利用环境中的框型结构，如门、窗、镜子、电子设备边框等，为画面主体内容圈定一个边框，巧妙地突出主体内容。这种构图能够增强画面的空间感，给人带来强烈的视觉冲击力。框架构图通常运用在人物特写、建筑拍摄上，如图 3-4 所示。

## 3.1.6　线性构图

线性构图即在拍摄画面中运用一条或多条直线或曲线的视觉引导线来进行构图。引导线具有方向性和连续性，可以是拍摄场景中物体的边缘线，也可以是围绕物体排列出的视觉走向。比如，L 形构图、S 形构图、水平线构图、垂直线构图、斜线构图等，都属于线性构图的范畴。其优点是能够加强画面关联性，使画面具有空间感、立体感和纵深感，有引人入胜的视觉效果，如图 3-5 所示。

## 3.1.7　三角形构图

三角形构图即在拍摄画面中构建三角形元素，可以由三个

图 3-4

图 3-5

图 3-6

关键点或本身具有三角形元素的物体组成。这种构图方式不拘一格，能够使画面更有张力，使物体具有均衡感和稳定感。对角线构图也是三角形构图的一种。三角形构图多用于拍摄山川、建筑、草木、人物合照等场景，如图 3-6 所示。

## 3.2　画面的景别

在摄影时，镜头焦距固定的情况下，主体在画面中占比的大小由镜头和物体的距离决定，因此产生了不同的景别。镜头与主体距离越远，主体在画面中占比越小，环境因素越多；镜头与主体距离越近，主体在画面中占比越大，环境因素越少。由近及远，景别可分为以下五种：特写、近景、中景、全景、远景。不同的景别带给观众的感受有很大不同，下面我们来具体讲解一下。

### 3.2.1　特写

特写常用于拍摄并放大某一物体的细节部分或人物的某一局部，如头部。这里我们将超特写、大特写也涵盖在内。超特写是指纯粹地放大物体的某一部位，或对准人物的某一器官进行拍摄，如眼睛、耳朵、鼻子等。大特写次之，指放大拍摄物体的某些部位，或同时涵盖人物五官，如图 3-7 所示。

图 3-7

特写是视觉距离最近的景别，能够让特写部分从整体环境中凸显出来。虽然其画面取景的内容较少，但并不代表其所蕴含的信息量少，相反它会用来强调某一与主题联系紧密的关键性信息，如图 3-8 所示。

图 3-8

比如，一个人的瞳孔从自然扩张变化为骤然紧缩的特写镜头，可以让观众感受到主人公的情绪变化和心理动向，得到故事情节即将发展到高潮的信息暗示，从而受到强烈的感染，进而提高注意力。

特写具有以下功能：强调和突出重点，为短视频剧情的发展起承上启下的作用，将主体从背景中分离，为短视频剧情埋下伏笔，制造悬念效果等。因此，当我们进行短视频拍摄时，如有以上需求，可以合理运用特写镜头。需要注意的是，过多运用特写镜头会造成观众视觉上的混乱，反而会削弱短视频画面的整体表现力。

## 3.2.2 近景

近景画面通常表现的是人物胸部以上的形象，或某一物体的近距离观感，如图 3-9 所示。

图 3-9

近景拍摄范围较小，能给观众提供更近的观察距离，让画面中人物的表情变化一览无余，且不会受到肢体动作和环境的干扰，所以十分适合用来体现人物情绪，表现人物的内心活动，拉近人物和观众间的距离。

近景画面还能给观众大量的人物信息提示，如人物的发型、饰品、妆容等。观众可以通过这些细节，初步分析出人物的性格和身份等特征。当我们需要展示人物近距离的精神面貌或人物独白时，也可以使用近景镜头进行拍摄。

### 3.2.3 中景

中景画面通常包含人物的腰臀部及以上部分，有时也包含人物膝盖部分，如图 3-10 所示。由于其介于中景和全景之间，因此也可以称作"中远景"镜头。

中景的视距相对于近景更宽，能给观众提供适宜的距离来观察人物的肢体动作，为人物之间的交流和移动提供一定的空间，同时也能体现人物的基本面貌和着装。

图 3-10

中景镜头通常适用于拍摄几个人物之间的交流互动，既能够显示出更多的人物关系、环境气氛，又可表现人物的面部表情特征。中景镜头的运用能够增强画面的纵深感，常常通过人物的移动与近景镜头或全景镜头衔接，用于叙述剧情。

### 3.2.4　全景

顾名思义，全景就是用来交代人物全身及周边的部分场景的镜头，能够展示人物和环境之间的关系，如图 3-11 所示。

图 3-11

全景画面能够让观众看清人物的位置和动作，但由于画面内容范围较大，在展示人物的表情细节方面难免会有所欠缺。其优势在于，既不像远景那样缺乏主体，又不像中景那样无法展示人物全貌。

全景镜头常用于剧情的开场介绍或片尾收官，也常用于运动中的人像拍摄。

### 3.2.5　远景

远景画面通常是一个比较宏观的场景，人物在其中只剩下一个模糊的轮廓或一个点，有的甚至会隐藏在环境中"消失不见"，如图 3-12 所示。

图 3-12

远景画面可以展示故事发生地点的整体环境、背景、时间和少量的人物信息。在远景画面中，环境因素占据了绝大部分的篇幅。远景镜头通常能够在短视频的开端用作定场镜头，展示故事的地点要素，如城市、树林、天空等；展示故事的时间要素，如白天黑夜、春夏秋冬、过去未来等。

## 3.3　色彩与情绪

我们平时在观影时，情绪会随着故事情节的发展而跌宕起伏，时而开心，时而愤怒，时而惊讶，甚至有时会因为感动共情而潸然泪下。但是你知道吗？这一切其实都离不开色彩带给我们的冲击力。视频中不同的色彩会给我们带来截然不同的观感体验，下面我们就从色彩的三大要素来分别展开分析。

### 3.3.1　色彩的冷暖

色彩的冷暖是指色彩三要素之一的色相。冷暖色是能够带给人冷暖感受的色彩，常见的暖色有红色、黄色、橙色等；常见的冷色有蓝色、紫色、绿色等，如图 3-13 所示。

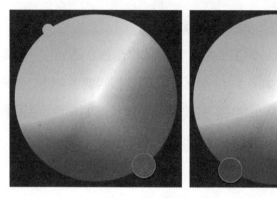

图 3-13

联想一下，红色、黄色、橙色的代表物有太阳、沙漠、熟透的橙子和芒果等，会给人带来热烈、奔放、兴奋、明亮、美味的感受；而蓝色、紫色、绿色的代表物有大海、天空、森林、冰雪等，则会给人带来神秘、安静、寒冷、端庄的感受。

同样的颜色也会有不同的调性，无论是暖色还是冷色都会有冷暖色调的区分。比如，成熟的柠檬是偏冷的黄色，而成熟的香蕉是偏暖的黄色。

在了解了色彩的冷暖对观众感受的影响后，我们在拍摄短视频时就可以加以运用。比如，当我们想表现一个女孩甜美可爱时，就可以搭配黄色系、粉红色系的服饰和滤镜；在拍摄美食短视频时，要想表现食物的美味，我们可以用黄色系、橙色系的配色和滤镜；在拍摄历史文物或建筑解说类短视频时，则可以采用偏冷色作为主色调，这样更能体现环境的庄严、肃静之感。

我们不仅可以通过打光和滤镜来调整画面的色调，也可以通过自然环境光来对色彩的冷暖加以干涉。通常来说，晴朗的天气时环境光偏暖，阴雨天气时环境光偏冷；清晨的环境光偏冷，而傍晚的环境光偏暖。

### 3.3.2　色彩的明度

色彩的明度是色彩的三要素之一，又称作色彩的亮度。色彩的高明度与低明度的对比如图 3-14 所示。在纯度相同的条件下，不同颜色的明度是不同的。在常用色中，柠檬黄为明度最高的颜色。物体的明度还受到两个因素的影响，其一是光的强弱和物体自身材质反射光的强弱，其二是颜色中黑色的参与程度。

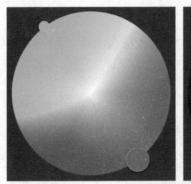

图 3-14

在短视频拍摄中，不同明度的色彩会给人带来不同的感受。高明度的色彩会调动人视觉上的兴奋感，使观众感到开心、放松和舒适。比如，快餐品牌大多都是采取了高明度的黄红配色挂牌；我们日常逛超市时，也会发现打折甩卖货品的价格标签多被换成了明度较高的黄色。而低明度的颜色则会给人带来沉重、昏暗、有质感、古典的视觉效果。比如，深棕色被广泛地运用在古典风格的室内及家具设计当中；国外的一些皇室在正式场合也会穿着深蓝色和暗红色的礼服出席以显得庄重。

我们可以根据短视频内容的需要，来调整画面中物体的明度或短视频总体的明度。在同一画面中，我们还可以为物体安排不同的明度，用以区分主次关系和前后衬托关系，加强画面的视觉效果。需要注意的是，同一短视频画面中不可反复出现色彩明度忽高忽低的情况，会影响短视频画面的链接感和整体感，给观众造成眼花缭乱的观感，影响观众的视觉体验。

在自然光的条件下拍摄短视频时，我们可以选择在晴朗的白天拍摄明度较高的画面，在晚上或阴天拍摄明度较低的画面。

### 3.3.3　色彩的纯度

色彩的纯度又称为饱和度，也是色彩的三要素之一。色彩的高纯度与低纯度的对比如图 3-15 所示。不同颜色的自然纯度不同，色彩的三原色——红、黄、蓝的纯度是所有颜色中最高的，而在三原色中，红色的纯度是最高的。在纯色中，掺入的白色越少，则颜色的纯度越高，反之则纯度越低。

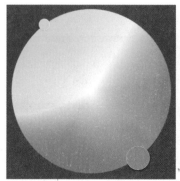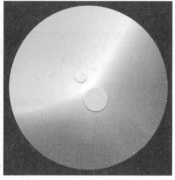

图 3-15

在短视频的拍摄中，不同纯度的色彩给人带来的观感不同。高纯度的色彩会给观众带来突出、鲜明、刺眼、有力的感觉；低纯度的色彩会给观众带来温和、优雅、灰暗的感觉。

摄影画面中，纯度越高的色彩越能抓人眼球。比如，一些影视作品中受伤流血的场面，总是能让观众在较为混乱的打斗画面中一眼发现受伤的是谁，也是因为运用了道具血包的高纯度特质；近些年爆火的某奶茶品牌也是采用了高纯度加高明度的红白配色挂牌，能够让走在大街上的人一眼就注意到它。而纯度低的色彩能够使人感到放松和温馨，从而放慢脚步。比如，有些店铺中大面积采用了暖灰色调配色，体现了简洁、质朴和温馨的特点。

我们在拍摄短视频时，当遇到一些动感较强的主题，如跑步、跳伞、滑雪、打斗时，可以采用高纯度的配色对主体加以强调；当拍摄一些比较温和的场景，如喝下午茶、美妆教程等，则可以采用纯度较低的配色，如温柔可爱的马卡龙色系、简约有质感的莫兰迪色系等。

总体来说，色彩的三大基本要素是紧密联系、不可分割的，我们在拍摄短视频时必须综合考虑色彩三要素之间的关系。

## 3.4 光影与天气

要想拍摄一部好的短视频作品，光影的运用必不可少。不同的天气所呈现出的自然光影效果大不相同，因此需要我们把握以下摄影技巧，挑选合适主题的时间段进行拍摄，充分运用光线，合理安排构图，拍摄出更具感染力的短视频画面。

## 3.4.1　不同天气下的光影

### 1. 晴天

晴天是一种常见的天气。我们总是在阳光明媚的晴天感到心情愉悦，好像所有的烦恼都会在阳光的照耀下烟消云散。其实，这一切都离不开光影带给人的影响，因为在阳光充足的晴天，所有的景物都会反射出更加鲜艳、明亮的色彩。这时候，拍摄出来的画面也会更加干净和清晰，如图 3-16 所示。晴天是拍摄弹性较大的天气，通常也适合拍摄大多数题材的短视频。

图 3-16

### 2. 阴天

在阴天时，由于云层将太阳遮住，环境通常比较阴暗，再加上气压也比较低，通常会给人带来忧郁和沉寂的心理感受，所以阴天适合拍摄较为严肃的画面。但是，在阴天拍摄也有优点，由于无阳光直射，物体失去阴影的衬托，通常会显得比较柔和，画面呈现的色彩也会更加浓郁，可以真实地展示出物体的固有色，如图3-17所示。

图 3-17

### 3. 雾天

雾天是较为特殊的一种天气，由于空气中充满了水汽，能见度降低了，通常会给人带来一种虚无缥缈的感觉，以及如入仙境的神秘感。在拍摄短视频时，我们可以利用这一特点，在有雾的天气拍摄仙侠、灵异、探险之类的需要增加神秘感的主题。同时，我们还可以用雾气来调整画面构图，引导观众视线，如图3-18所示。

### 4. 雨雪天

雨雪天气具备阴天所有的特

图 3-18

点，除此之外，在雨天和雪天，雨点和雪花从天空落下，拍摄画面的天空中会出现大量点元素，同时地面会反射出倒影或大量补光，因此观众的视线非常容易集中在画面的主体身上，如图3-19所示。如果运用好这些有利条件进行构图，就会得到非常唯美、充满艺术气息的画面。

图 3-19

## 3.4.2　打光的方式

### 1. 顺光

顺光是指在主体的正前方打光，让阴影投射在主体的后方。顺光能够让主体的细节一览无余，也能让画面的色彩得到很好的呈现。

### 2. 逆光

逆光是指在主体的正后方打光，让阴影投射在主体的前方。逆光能够让主体正面包裹在阴影之中，给观众带来神秘的感觉。逆光会让画面中主体的轮廓呈现出一圈光晕，非常适合突出主体的轮廓，也适合剪影艺术照的拍摄。

### 3. 侧光

侧光是指在主体的左侧或右侧打光，让主体呈现出一侧亮一侧暗的效果。侧光适合用来凸显人物面部轮廓，增加面部和五官的立体感，或用来使景物层次更加分明。

### 4. 顶光

顶光是指在主体的正上方打光，让阴影投射在主体的正下方。顶光具有凸显主体位置信息的强调作用，还具有一定的压迫感。

### 5. 底光

底光是指在主体的正下方打光，让阴影投射在主体的正上方。底光适合营造一种诡异的气氛，适合用来拍摄凶手露出"獠牙"的画面。底光同样能突出主体的位置信息。

## 3.4.3 光源的模式

### 1. 点光源

点光源是指由一个点向四面八方发射出的光。点光源能够进行全角度的照明，体现空间关系。小的点光源能够自然地强调出画面的一点，如图 3-20 所示。常见的点光源有太阳、烛光、灯泡、星光等。

图 3-20

### 2. 面光源

面光源是指由一个面向前方一定范围发射出的光，照射距离较近。面光源比较自然、柔和，无明显投影，非常适合在环境光不足时用来补光。我们在拍正装照时，两侧的白幕布就是面光源的一种。

### 3.定向光源

定向光源是指由一个点沿着一定方向或路径发射出的光，呈锥形，照射距离较远。定向光适合用来强调物体位置或某一局部细节。定向光源通常用在舞台演出、文物展示等场合。

### 4.自然光源

自然光源也就是太阳光，是自然场景下的固有光源，它赋予了物体颜色。自然光源其实也是最大的点光源。

## 3.5　运镜与转场

在拍摄短视频时，剧情的发展需要通过镜头运动来进行衔接和推动，不同景别和场景之间的转换也需要依靠镜头运动来完成。不同的运镜方式会给人带来不一样的心理感受，好的运镜能够有效地引导观众视线并控制画面节奏，确保观众的关注点与主题的关联性。下面，我们就对常用的运镜和转场方式展开详细介绍。

### 3.5.1　推镜头

推镜头是指将镜头与被摄主体的距离由远推近，画面的视野范围缩小，主体逐渐放大，观众的视线由整体环境转移到局部位置的过程，如图 3-21 所示。

推镜头能够将画面从一个比较大的范围逐渐向一个中心点推进，使人们的注意力不断提高，具有突出主体人物或画面细节的作用。

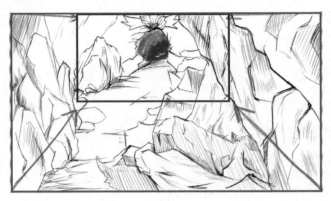

图 3-21

推镜头还有介绍整体与局部关系的作用。推镜头的运用往往伴随着景别由大到小的变化，能够清晰明确地交代出场景中物体的层叠关系和人物在环境中的位置关系。

快速的推镜头能够表现出紧张、急切的氛围，能够增强画面的爆发力；而缓慢的推镜头能够表现出一种宁静、祥和的氛围，也可以用来介绍环境细节。

在实际操作中，我们可以将手机或相机放在匀速向前移动的小车上，小车向前移动的同时画面中的主体逐渐扩大，将观众的注意力吸引到所要表现的部分，这样我们可以得到更加稳定和专业的短视频画面。

### 3.5.2 拉镜头

拉镜头是指将镜头与被摄主体的距离由近拉远，画面的视野范围扩大，主体逐渐缩小，使观众的视线由局部位置转移到整体环境，如图3-22 所示。

拉镜头有展示被摄主体所处的周围环境，介绍其与环境之间关系的作用，使观众的注意力由细节逐渐转移到整体画面中。

拉镜头能够将主人公的渺小与环境的开阔产生对比，进而强调人物的内心情绪，通常是体现孤独和无力感。

图 3-22

需要注意的是，不要过多或无目的地使用拉镜头，因为拉镜头通常标志着一个片段的结束，非必要的情况下过度使用会让摄像机看起来像产生了自我意识，会干扰观众的视线。

### 3.5.3　摇镜头

摇镜头是指镜头保持位置不动，以某一点为中心进行上下、左右甚至 360 度的旋转拍摄。这其实是在模拟人在站立时，通过摇晃头部观察四周的情景，镜头代表的就是人的眼睛。

在摇镜头中，镜头的运动路径是一条弧线，镜头会逐一展示前方的场景，观众的视距是左右两边较远，中间较近，并随着镜头的旋转不断变化的。

摇镜头适用于全方位地介绍被摄主体四周的环境和氛围，能够用较小的景别拍摄出较广的环境，增强观众的代入感。

在实际拍摄中，摇镜头通常要借助三脚架的活动底盘的旋转来完成，这样会比手持操作稳定许多。

### 3.5.4　移镜头

移镜头是指镜头拍摄方向不变，通过左右、上下或全方位的平移进行的运动拍摄。移镜头可以用来模拟人在左右走动时正前方视野的变化情况，如图 3-23 所示。

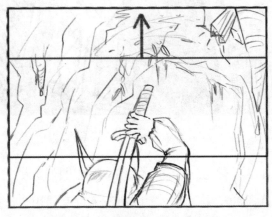

图 3-23

### 3.5.5 跟镜头

跟镜头是指镜头跟随着某一人或物的运动而移动，相机始终与被摄主体保持一定的距离，如图 3-24 所示。

### 3.5.6 甩镜头

甩镜头是指镜头从一个画面快速甩到另一个画面，中间的过渡影像是模糊的，就像甩掉某样东西，往往是一个先加速后戛然而止的过程。

图 3-24

甩镜头可以用来拍摄空间的转换，或用来衔接同一时间内两个场景同时发生的事情。甩镜头能够给观众带来极强的画面冲击力，通常用在故事情节需要重点强调的部分。

甩镜头对拍摄者的技术要求比较高，通常需要注意控制甩的力度和方向，并保持一定节奏，与前后镜头相接融洽。

### 3.5.7 特殊的转场方式

除了以上六种常见的运镜和转场方式，我们还可以通过一些特殊的手法进行画面的转场。

#### 1. 同构法转场

同构法是一种比较巧妙且富有艺术效果的转场方式，是指当前后两个场景画面具有相同结构的元素时，我们就可以配合镜头运动进行衔接。比如，当我们想拍摄一个人仰望星空的画面时，我们可以先拍摄远景画面——星空中一轮圆月挂在天空中央；然后拍摄推镜头——月亮在画面中逐渐放大，直到大出镜头框外；再稍微拉远一些后，圆形的月亮与人的瞳孔融为一体，这时画面已经是一个人物眼神的特写镜头了；最后再把镜头拉成近景画面——人物抬头仰望，让观众瞬间明白过来镜头所表达的内容，如图 3-25 所示。

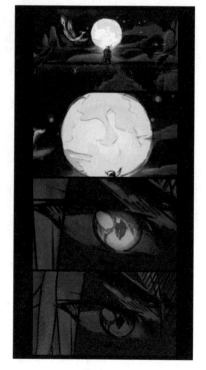

图 3-25

#### 2. 两级镜头转场

我们也可以通过两级镜头进行转场，指两幅画面在颜色、景别、动静方面都有较大的差异时，可以将它们衔接在一起产生一种视觉上的反差效果，以形成鲜明的对比。

### 3. 利用声音效果转场

利用声音效果进行转场也不失为一个好办法。比如，我们可以通过下课铃声的响起，衔接两个教室的画面场景。

## 3.5.8　运镜与转场的禁忌

首先，我们在运镜时，无论旋转还是平移，一定要稳定、匀速，禁止过快、过慢或颠簸。否则，还没等观众搞清画面情节，就要先被运镜晃晕了。

其次，不要在短视频中过度地使用运镜和转场，所有的镜头语言都应该为了主旨而服务，舍本逐末就失去了意义。一般在 1 分钟左右的短视频中，1~3 个场景、4 个左右的运镜就足够了。

最后，在拍摄时我们还要遵循 180 度原则，即相邻的两个镜头之间，在没有转场指引的情况下，镜头不要旋转超过 180 度拍摄画面。试想一下，当画面中左右两个人物对话时，左边的人说完以后我们立即旋转 180 度拍摄，原先站在右边的人就又到了画面的左边，这时就会给观众造成视觉上的困扰。

第 4 章

剪辑短视频的
基本操作

# 4.1　剪辑软件的选择

在完成了短视频的前期拍摄工作后，我们就要开始进行短视频后期的剪辑与制作了。根据制作需求选择合适的短视频剪辑软件是很重要的一步，这决定了剪辑短视频的流程和效率，甚至决定了短视频的最终呈现效果，下面让我们来看看如何选择适合自己的剪辑软件。

## 4.1.1　剪辑软件的功能性

在选择剪辑短视频的软件时，首先要考察其功能是否全面，最好选择全流程一体化的剪辑软件，这样能够提高我们的制作效率，减少资源损耗。下面几个功能是我们在剪辑短视频中很可能会用到的，在选择剪辑软件时需要重点考虑。

### 1. 短视频制作方面的功能

基本的短视频剪辑功能是必要的，如短视频剪切合并功能、调速功能、移动复制功能和多轨道编辑功能等。短视频的过渡效果能够使我们的短视频前后衔接更加顺畅自然。各式各样的滤镜功能和调色效果能够起到调整或统一画面的作用，为短视频增光添彩。除此之外还要能够为短视频添加文字、字幕和标题元素，以丰富短视频内容。

### 2. 音频制作方面的功能

剪辑软件要具备一个或多个单独编辑声音的轨道，并能够对音频进行裁剪、调速、混声、调整音量大小，这样我们才能在剪辑软件上为短视频进行配音。音频的过渡效果能够使短视频切换场景声音时不会过于突兀。免费而丰富的音效库能节约我们为短视频寻找画外音和背景音的时间和精力。

### 3. 短视频输出格式的设置

我们要确保剪辑软件能够导出的短视频格式足够全面，能适应各种短视频及社交平台的分享发布需求，因此短视频的分辨率和帧率最好也是允许手动调节的。

### 4. 对用户友好

对于零基础的用户来说，选择一个对用户友好的剪辑软件是很重要的，剪辑功能使用简单、操作页面易于理解的软件能够帮助我们更快地上手。

### 5. 资源的分享

丰富的官方教程和社区资源的分享能够帮助我们快速掌握剪辑软件的使用方法，并解决学习过程中出现的新问题。

### 6. 软件的资费

我们可以根据自身的预算和需求选择使用免费或付费的软件，一些付费的剪辑软件可能会提供更高级的功能。

## 4.1.2 手机端剪辑软件的推荐

### 1. 剪映

剪映是一款由抖音官方出品的视频剪辑软件。其基础功能完善，操作简洁易用，非常适合新手使用。剪映是一款可免费使用基础功能的短视频剪辑软件，用户也可选择开通会员获取更多专属素材。它不仅支持手机移动端使用，还支持电脑端使用，允许用户在多设备上同步编辑，适合跨设备使用。剪映提供了基础的视频编辑功能、音频编辑功能、文字添加功能、滤镜添加功能和多种趣味特效，并支持高清视频导出，适合制作高质量短视频。其操作界面如图4-1所示。

图 4-1

## 2. 快影

快影是一款由快手官方出品的视频剪辑软件。它可以让短视频的剪辑制作与在快手平台的发布无缝衔接，用户能够直接通过快手账号一键登录。快影提供了短视频裁剪与分割、添加音乐和添加短视频特效等基础功能，这些都是免费的。快影与快手平台的集成能使其直接访问快手平台的丰富制作资源，适合希望快速制作并分享的用户。其操作界面如图 4-2 所示。

## 3. 必剪

必剪是一款由哔哩哔哩官方出品的视频剪辑软件，其基础功能完全免费。必剪实现了短视频的剪辑制作与在哔哩哔哩平台发布的一体化集成，适合经常使用哔哩哔哩的人群使用。它除了基础的剪辑功能，还具有自动识别语音转换文字的功能。其操作界面如图 4-3 所示。

图 4-2

图 4-3

### 4.1.3　电脑端剪辑软件的推荐

#### 1. iMovie

iMovie 是由苹果公司研发的一款视频剪辑软件，如果你是苹果电脑用户，那么 iMovie 是一款很好的产品，它是免费的并且很适合初学者使用。iMovie 操作界面沿用了苹果系统简洁直观的风格，并且支持通过摄像机、存储卡以及 iPhone、iPad 等苹果系列设备直接导入短视频素材和导出短视频。iMovie 同样为用户提供了视频剪辑功能、音频剪辑功能、时间轴功能、各种主题的模板、音频过渡效果等。iMovie 能够通过 iCloud 进行同步和备份，支持直接分享到 YouTube 等短视频平台，十分方便快捷。

#### 2. Adobe Premiere Pro

Adobe Premiere Pro 简称 Pr，是由 Adobe 公司研发的一款专业视频剪辑软件，广泛应用于专业影视剪辑、电影特效和后期制作等领域。其功能全面，包括视频剪辑、音频编辑、时间轴编辑、特效和过渡添加、色彩的校正调整和文字添加等功能，并支持多种视频导出格式与质量。Pr 的操作界面以功能分区，面板布置井然有序、简洁明了，如图 4-4 所示。它支持插件的安装和外部资源的导入，几乎可以实现所有特殊剪辑效果。

图 4-4

## 4.2 用 Pr 剪辑短视频

对于短视频从业者来说，掌握一款功能全面而专业的视频剪辑软件是一本万利的。电脑端剪辑软件相对手机端剪辑软件来说自由度更高，操作也更为精准。接下来，让我们以 Pr 为例，一起学习短视频剪辑的具体操作方法吧。

### 4.2.1 界面布局

我们先来简单了解一下 Pr 的界面布局。Pr 的整体界面按不同功能分区，我们以粉、绿、蓝、红、黄、紫、橙七种颜色的方框标示，如图 4-5 所示。

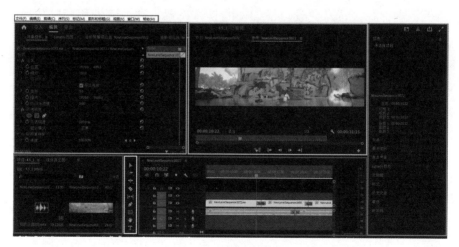

图 4-5

### 4.2.2 具体功能介绍

#### 1. 菜单栏

Pr 的菜单栏面板如图 4-6 所示。

图4-6

在菜单栏的"文件"选项卡中，我们可以进行新建、打开、保存、关闭和还原等操作，还可以选择导入项目资源，设置导出短视频的格式，对项目进行管理，如更改项目的存储位置等。

在菜单栏的"编辑"选项卡中，我们可以对所选项目进行剪切、复制、删除、粘贴、全选、查找、撤销、重做等操作，还可以设置标签颜色、设置快捷键和首选项，甚至跳转到其他 Adobe 旗下软件进行操作。

在菜单栏的"剪辑"选项卡中，我们可以为项目重命名、制作子剪辑、进行源设置、更改短视频帧的具体设置、进行渲染和素材替换、进行编组和嵌套等操作。

在菜单栏的"序列"选项卡中，我们可以对短视频的某一区间进行渲染、添加过渡衔接效果、编辑或修剪短视频的轨道、添加字幕轨道等操作。

在菜单栏的"标记"选项卡中，我们可以对短视频入点、出点或所选项目进行标记或清除标记，并进行跳转。

在菜单栏的"图形和标题"选项卡中，我们可以创建图形或文本图层，并对其进行对齐、分布、排列、升级为源图和导出模板等操作。

在菜单栏的"视图"选项卡中，我们可以设置预览视图的回放分辨率、放大率，以及进行显示标尺和添加参考线等操作。

在菜单栏的"窗口"选项卡中，我们可以编辑自己的工作区或恢复默认设置，选择自己需要的效果组件添加到窗口，还可以拖动改变各部分组件所占的面积大小。

在菜单栏的"帮助"选项卡中,我们可以选择观看 Pr 官方所提供的软件教程,选择 Pr 为我们提供的帮助或向其发起反馈,管理个人账号和更新软件版本的功能。

### 2. 项目素材存放区

Pr 的项目素材存放区如图 4-7 所示。

我们导入到项目中的视频素材和音频素材都会在这一区域进行显示,在这里我们可以将项目素材更改为"可写"或"只读",进行变换项目素材的视图方式、调整图标和缩略图大小、排序图标、

图 4-7

自动匹配序列、查找、新建素材箱或新建项等操作。我们还可以选择在"媒体浏览器"中导入本机资源,或在"库"中登录 Creative Cloud 账号导入云资源。

### 3. 效果控件

Pr 的"效果控件"面板如图 4-8 所示。

我们对所选择的素材做过的调整都会在"效果控件"面板中进行显示,并可以进一步对数值进行调节,如短视频画面的位置、缩放、旋转、透明度、混合模式、时间重映射速度等。"效果控件"面板能够

图 4-8

帮助我们针对单个项目素材上所添加过的效果进行系统化的把控和记录，方便我们后续随时进行调整并与其他素材片段进行对比。

### 4. 监视器

Pr 的监视器如图 4-9 所示。

我们在对短视频进行移动更改、添加画面效果或过渡效果时，可以在监视器中实时观测到画面的变化，方便我们及时做出调整。在完成短视频剪辑之后，我们也可以通过监视器对

图 4-9

最终输出的短视频画面进行预览。在这一模块中，我们可以通过双击画面来对所选项的大小和位置进行更改，十分直观。我们可以选择更改短视频画面的缩放级别和回放分辨率，方便观察画面整体和细节；为当前画面所在帧添加标记，作为参考；为短视频标记入点和出点，入点到出点之间的内容就是我们最终输出的短视频区间，也可以一键跳转到入点或出点，方便观看；选择播放短视频画面，向前或向后跳帧，预览效果；提取或导出当前帧，方便资源二次使用。

在监视器右下角的"设置"中，我们可以选择添加多机位和比较视图，选择开启循环播放，打开透明网格线和显示标尺进行参考，为画面设置安全边距，开启监视器多声道立体音或全局 FX 静音等功能。

### 5. 时间轴

Pr 的时间轴如图 4-10 所示。

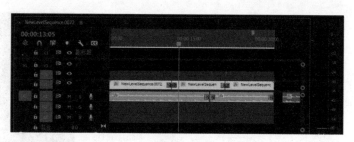

图 4-10

Pr 的时间轴主要展示了视频素材与音频素材在所选时间范围上的排列分布情况，在这里，我们可以直观地观测到每段素材将在第几秒播放以及它们之间的前后衔接和过渡效果，也可以选择启用或关闭"将序列作为嵌套""个别剪辑插入并覆盖""在时间轴中对齐""链接选择项""添加标记""字幕轨道选项"等功能。时间轴左上方的蓝色数字代表了播放指示器的位置。在时间轴的"设置"选项卡中，我们可以选择更改视频和音频的名称、标签、缩略图、关键帧和效果勋章等。

我们可以为需要同一时间播放的不同素材内容添加多个轨道，如图 4-10 所示，A1、A2、A3 代表了三个同时进行的声音轨道，V1、V2、V3 代表了三个同时进行的短视频轨道，C1 代表字幕轨道。我们还可以选择锁定所选轨道以避免误触，切换短视频轨道输出的可见性，设置声音轨道为静音或独奏轨道，以及进行画外音的录制。通过拖动时间轴右侧和下方的长条，我们可以对轨道进行宽度与长度上的调节，使之方便我们裁剪与观测。时间轴右侧是音频仪表，它能够在播放短视频的同时，为我们实时展示配乐左右双声道音量大小的波动范围。

### 6. 其他

最后，我们来了解一下 Pr 界面右侧的其他模块，包括"信息""效果""基本图形""基本声音""Lumetri 颜色""元数据""标记""历史记录""事件"和"时间码"等。

Pr 的"信息"模块主要展示了当前所选项目素材的名称、类型、帧率、画面分辨率、开始及结束时间和持续时间等，可供我们随时查看，如图 4-11 所示。

图 4-11

Pr 的"效果"模块主要包括"预设""Lumetri 效果预设""音频效果""音频过渡""短视频效果""视频过渡"等类别，这些类别分别包含各种不同的预设效果，我们只需要点击想要的效果，将其拖动并放置到目标上，就可以为项目添加丰富多彩的预设效果了，如图 4-12 所示。

图 4-12

Pr 的"基本图形"模块主要为我们提供了一些生活中常见主题的图形模板，如游戏的开场、字幕、徽标循环、背景、要点列表和过渡等图形资源；影片的标题、字幕、信息板、出品、直播叠加和共享等图形资源；新闻的开场、字幕、背景循环和过渡等图形资源，如图 4-13 所示。我们不仅可以从 Pr 的预设库中选择图形模板，也可以选择从本地资源导入图形模板。

Pr 的"基本声音"模块主要为我们提供了一些适用于不同类型音频的声音效果模板。我们可以为所选音频在该模块的"对话""音乐""SFX"和"环境"中选择合适的项目类型，并从这几种不同类型的音频模板中具体选择效果模板加入素材，如图 4-14 所示。

Pr 的"Lumetri 颜色"模块主要为我们提供

图 4-13

了调整短视频色彩效果的工具，包括对颜色的色温、色彩、饱和度、灯光高光、对比度、阴影等的基本校正，创意效果的添加，RGB 曲线和色相饱和度曲线的修改，色轮和匹配的修改，晕影效果的添加，等等，如图 4-15 所示。

图 4-14　　　　　　　　　图 4-15

Pr 的"元数据"模块主要为我们系统展示了包括标签、媒体类型、帧率、媒体开始及结束时间、媒体持续时间、注释、状态等信息在内的剪辑数据；包括文件属性、权限管理、动态媒体等信息在内的文件数据；包括嵌入 Adobe Story 脚本和分析文本在内的语音分析数据，如图 4-16 所示。

Pr 的"标记"模块主要展示了我们在短视频编辑过程中所做的标记信息。在这里，我们可以根据所做标记的名称和颜色来进行查找和预览，如图 4-17 所示。

Pr 的"历史记录"模块主要展示了我们对项目的操作信息和撤销信息的记录，如图 4-18 所示。在这里，我们可以选择历史记录进行前

图 4-16

进或后退操作，也可以在"设置"中更改历史记录状态的次数。如不进行设置，历史记录状态通常默认为32次。

Pr的"事件"模块主要展示了我们在对项目操作过程中，在某一时间发生的某一事件或问题，方便我们了解和解决，如图4-19所示。

图 4-17　　　　图 4-18　　　　图 4-19

Pr的"时间码"模块主要为我们展示了项目的当前时间、持续时间和从入点到出点的时间，十分直观，如图4-20所示。

图 4-20

## 4.2.3　短视频剪辑实例

我们已经了解了Pr的基本功能和使用方法，接下来让我们通过实例练习熟悉运用Pr剪辑短视频的具体操作流程吧。

（1）我们双击图标打开Pr软件，点击"新建项目"。如果你想继续编辑历史记录中打开过的项目，可以双击"最近使用项"下的项目，或点击"打开项目"导入项目资源，如图4-21所示。

（2）在点击"新建项目"以后，我们可以看到如图4-22所示的页面。在"导入"选项卡里，我们可以在"项目名"中更改该项目的名称，这里我们改为"PR剪辑演示"。

在"项目位置"中更改该项目的存储位置，我们可以选择内存空间较为充足的位置存储该项目。

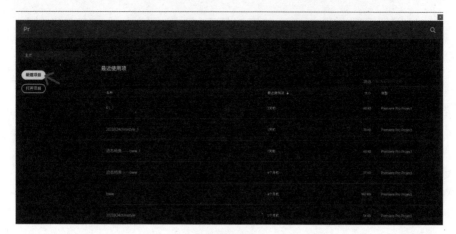

图 4-21

在"本地"下方选项中导入你需要编辑的视频或音频素材，这里我们从 Pr 官方的示例媒体中随机选择三段素材导入项目。

在"导入设置"中，可以选择为素材新建素材箱，在时间轴上创建新序列，在"名称"中更改序列的名称，这里我们默认为"序列 01"。

图 4-22

（3）点击右下角的"创建"之后，我们就进入到 Pr 的工作页面了，如图 4-23 所示。

这里假设我们希望通过剪辑视频素材实现"在一个宁静的小镇里，男孩们冒雨在草地上踢球玩耍，一些人在旁边的雨棚中围观"的剧情，并为视频素材之间添加自然的转场效果，统一视频画面的颜色，最后导出 10 秒时长的短视频。

我们可以看到，Pr 已经自动为我们在时间轴上创建了这三段素材的新序列。如果没有提前设置创建新序列，我们可以根据需要手动将素材从左下角的项目素材存放区中拖到时间轴上。

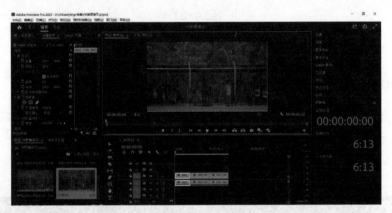

图 4-23

为了实现预期效果，我们需要调整一下素材的播放顺序。点击工具栏的"选择"工具，点击时间轴上"一些人在旁边的雨棚中围观"的视频素材，并将其拖动至另外两段素材的后方；框选所有的项目素材，将它们拖动到时间轴的起点，这样素材的播放顺序就调整好了。

然后，我们为短视频素材添加转场效果：点击"效果"，在该窗口下找到"视频过渡"选项，该选项下的"划像""擦除""溶解"等都是视频转场效果。这里，我们为该项目选择较为常用的"黑场过渡"和"交叉溶解"效果，点击效果并拖入前后两段素材之间的衔接处即可，如图 4-24 所示。我们可以在时间轴上拖动效果条的长度来修改转场效果的时长，也可以在"效果控件"中更加精确地设置转场效果的持续时间，如图 4-25 所示。音频素材的过渡效果同理，选择"音频过渡"选项，将"交叉淡化"下的"恒定功率""恒定增益"或"指数淡化"效果拖入音频素材的衔接处即可。

图 4-24

（4）接下来，我们来统一视频画面的颜色。我们可以看到，这三段素材的画面有亮有暗，它们的冷暖和明度均不相同，如图 4-26 所示。因此，我们需要为这三段素材添加 Lumetri 颜色控件，使其看起来处于同一空间环境下。

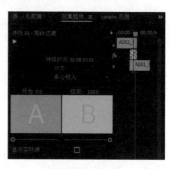

图 4-25

图 4-26

如图 4-27 所示，我们先在时间轴上选择需要调整的素材，然后点击"Lumetri 颜色"，再点击"基本校正"，分别对这三段素材的"色温""色彩""饱和度""曝光""对比度""阴影"和"黑白"进行数值调整，使它们看起来更加统一协调。

图 4-27

如图 4-28 所示，经过 Lumetri 颜色控件调节过的视频画面是不是看起来更加统一了呢？在实际项目的制作中，我们可以根据自身作品的风格和氛围，对视频画面的颜色进行统一和调整。

（5）然后，我们来设置视频输出的时长。如图 4-29 所示，我们在"时间码"窗口中可以看到当前视频入点到出点的默认时长为 00:00:06:13，也就是 6.13 秒，距离要求的 10 秒还差一些。这时我们可以通过放缓视频的播放速度、重复播放某一片段或制作特写镜头动画来增加总时长。

图 4-28

图 4-29

　　①通过放缓视频的播放速度来增加总时长。如图 4-30 和图 4-31
所示，我们框选时间轴上所有的内容，在其上点击鼠标右键，选择"速
度 / 持续时间"，调整播放速度为原来的 65%。注意需要勾选"波纹编
辑，移动尾部剪辑"，否则缩放后的素材可能会对其他素材进行覆盖，
造成内容缺失。

图 4-30

②通过重复播放某一片段来增加总时长。这里我们点击时间轴上的第三段素材，按快捷键"Ctrl+C"复制一段人们在雨棚下避雨的画面，并将播放指示器对准第一段素材结束的位置，按快捷键"Ctrl+V"进行粘贴。

③通过制作特写镜头动画来增加总时长。第一步，我们复制并粘贴一段男孩踢球的画面，对其时长进行调整，使完整短视频总播放时长为10秒，如图4-32所示。

图 4-31

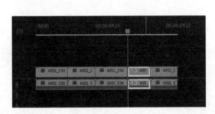

图 4-32

第二步，我们将时间轴上的播放指示器对齐复制的视频片段的开头处，双击监视器中该视频片段，我们会发现画面中出现了一个蓝色的选框；拖动该选框可以调节监视器中视频画面的大小，我们放大该视频片段中男孩踢的足球，使其位于监视器正中央，如图4-33所示。

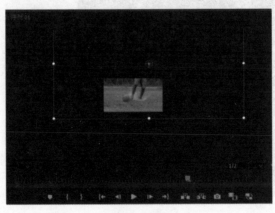

图 4-33

　　第三步，我们点击"效果控件"，点击"视频"菜单栏中"运动"下属的"位置"和"缩放"前的小钟表图标，为短视频添加关键帧，如图 4-34 所示。

图 4-34

　　第四步，我们挪动时间轴上的播放指示器，向后移动一段距离，在监视器中再次找到足球，将其移至画面正中央，在"效果控件"窗口中对其位置和缩放进行关键帧的记录，如图 4-35 所示。我们重复以上操作，就会得到一段针对足球运动轨迹的特写跟镜头。

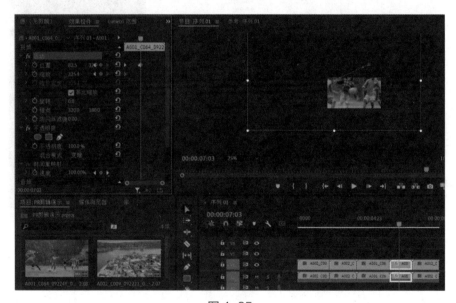

图 4-35

　　（6）制作完成后，我们就可以进行导出设置了。我们先为短视频标记导出的范围，点击"转到入点"，短视频跳转至 00:00:00:00 处，点击"标记入点"；再点击"转到出点"，短视频跳转至 00:00:10:00 处，点击"标记出点"，如图 4-36 和图 4-37 所示。

图 4-36

图 4-37

我们点击"文件"菜单栏，依次点击"导出"和"媒体"，跳转至导出设置页面，如图 4-38 所示。

这里我们可以对该短视频的名称、存储位置、视频质量和大小、视频格式、是否导出音频和字幕等依次根据需求进行设置，我们默认导出的短视频"文件名"为"序列01.mp4"，"位置"为"D:\chinastyle\视频导出"，

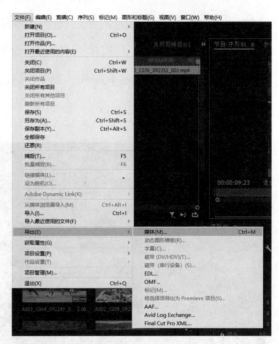

图 4-38

"预设"为"Match Source-Adaptive High Bitrate"，导出的"格式"为
"H.264"，导出的"范围"为"源入点/出点"，"缩放"设置为"缩
放以适合"，默认输出所有可用项，预估短视频文件大小为 2MB，如
图 4-39 所示。

这样，我们就得到符合要求的剧情、转场、颜色和时长的短视频
了。我们可以在导出设置页面中所选位置的文件夹里找到并播放该短
视频。

图 4-39

## 4.3　用剪映剪辑短视频

　　相对于电脑端剪辑软件来说，手机端剪辑软件具有操作简单、使用便捷、易于分享等优势。其中，剪映是目前市场上最受欢迎的手机端剪辑软件之一。接下来，让我们一起学习它的具体使用方法吧。

### 4.3.1　界面布局

　　剪映按功能分区，分别是"剪辑""剪同款""创作课堂""消息"和"我的"，如图 4-40 所示。

图 4-40

下面我们分别来看这五个页面，如图 4-41 所示。

图 4-41

在"剪辑"页面中，从上至下依次包括了"搜索""客服中心""设置"等服务功能；"一键成片""图文成片""图片编辑""AI 作图"等实用功能；"开始创作"的创作主页面，即核心剪辑功能；"试试看"的试用功能汇总；包括"剪辑""模板""图文""脚本""回收站"在内的"本地草稿"，以及"剪映云"和"管理"等功能。

在"剪同款"页面中，包括了"搜索""一键成片""全部模板""营销推广"等功能。

在"创作课堂"页面中，包括了"搜索""学习中心""关注""首页""新手""热门""拍剪"等功能。

在"消息"页面中，包括了"官方""评论""粉丝""点赞"等功能。

在"我的"页面中，我们使用抖音账号一键登录后可以看到自己的头像和"剪映号"等个人资料，"关注""粉丝"和"获赞"等互动信息，"全民任务""每日打卡"等激励创作活动，"喜欢"和"收藏"等创作资料。

## 4.3.2　功能介绍

### 1. 视频剪辑

剪映具有较为全面的视频剪辑功能。我们点击"剪辑"页面的"开始创作"并选择想要剪辑的素材，即可进入如图 4-42 所示的视频剪辑页面。

我们可以看到该页面底部包含了各种选项，其中"剪辑"包括"分割""变速""动画""删除""人声分离"和"抠像"等功能；"音频"包括"音乐""版权校验""音效""提取音乐"和"录音"等功能；"文字"包括"新建文本""添加贴纸""识别字幕"和"文字模板"等功能；"贴纸"包括"热门""VIP""节日""互动"和"旅行"等贴纸工具；"特效"包括"画面特效""人物特效"和"图片玩法"等

图 4-42

特效工具；"模板"包括适合各种节日和场合的套用模板和素材包；"滤镜"包括"清晰""烟花璀璨""晚霞"和"余晖"等滤镜工具；"调节"包括"亮度""饱和度""对比度"和"锐化"等画面调节工具。除此之外，剪映还提供了使用频率较高的"画中画"、用于更改画面大小的"比例"和用于更改画布效果的"背景"等工具。

### 2. 剪同款

剪映的"剪同款"页面为我们提供了各式各样的短视频模板效果，我们可以根据需求进行模板筛选，如图 4-43 所示。

这里包括了各种节日氛围、春夏秋冬四季主题和各种兴趣爱好领域的成片模板，它们分别出自各领域短视频创作者之手。我们只需要选择喜欢的风格的短视频模板，点击进入"剪同款"，并导入自己的视频素材，即可制作合成同款风格的短视频，非常简单实用。

需要注意的是，有一些制作精良的短视频模板需要付费才能使用，我们可以根据需求进行购买。如果你之后成了一个短视频剪辑高手，也可以制作模板在此发售。

### 3. 学习与提高

良好的学习氛围是制作高质量短视频的保障，在剪映的"创作课堂"页面我们可以看到由各领域的短视频剪辑达人发布的短视频剪辑教程和分享的短视频制作素材，大部分都是免费的，适合各个学习阶段的短视频创作者观看和实践操作。

点开"创作课堂"页面中"学习中心"下方的筛选器图标，在这里我们可以选择你所需要的主题或标签的教程，如"新手必看""抖音热门"和"风格大片"等；我们还可以根据短视频教程的难易程度、新度或热度、单节课程或课程合集等标签来进行教程的筛选，如图 4-44 所示。

图 4-43

图 4-44

在"学习中心"中我们可以看到自己的最近学习记录和学习进度、收藏和已购买的课程、作业与练习等内容，方便我们对资源进行管理和对学习进度进行把控。

### 4. 交流互动

在剪映的"消息"模块里，我们可以与其他创作者进行交流互动，如图 4-45 所示。

我们可以读取官方的推送信息，了解当下的热点话题，保持自身创作具有前瞻性；查看他人的评论，从中充分吸取他人的建议、了解他人的看法和观点，相互交流经验，有利于提高自身的短视频生产力；查看粉丝的互动和点赞，有利于增强自身的创作动力，获得成就感，并为后续发展积累潜在的消费客户群体。

图 4-45

## 4.3.3　短视频剪辑实例

我们已经了解了剪映的基本功能和使用方法，接下来让我们通过实例练习，熟悉运用剪映剪辑短视频的具体操作流程吧。

（1）我们在手机上找到并打开剪映软件，在"剪辑"页面点击"开始创作"。如果你想编辑历史记录中打开过的项目，可以在"本地草稿"中找到项目并点击打开，如图 4-46 所示。我们从手机相册中选择

图 4-46

三段视频素材，勾选"高清"后点击"添加"，如图 4-47 所示。此时，我们便看到了视频剪辑页面，如图 4-48 所示。

图 4-47

图 4-48

我们可以看到这三段视频素材的画面色彩较为统一，但画面比例并不相同，这里我们假设希望达到以下目的：统一画幅比例大小，为短视频添加转场效果，为短视频添加优美的背景音，并导出 10 秒时长的高清短视频。

（2）首先我们来统一画面大小。如图 4-49 所示，我们选择与其他两段短视频画幅比例不同的那段横向短视频，在底部工具栏中选择"比例"，将画幅比例设置为"9：16"，使用双指缩放短视频画面，直至画面完全展示在画布中，这样三段视频素材的画幅比例就全部统一为9：16 了。

（3）接着我们来调整短视频的时间长度。目前素材的时长达不到
10 秒，我们可以通过调整视频播放速率来延长时长。

为了保证每一段视频素材的播放速率均匀，我们分别点击每段需
要调整的视频素材，在底部工具栏中找到"变速"工具，选择"常规
变速"，将播放速率调整至"0.7×"，则视频时长延长为调整前的约 1.4
倍，如图 4-50 所示。我们可以根据需求勾选"智能补帧"和"声音变
调"功能。

图 4-49　　　　　　　　　　　　图 4-50

调整后我们发现，短视频总时长变成了 11 秒，我们可以选择一段
视频素材进行裁剪，以控制总时长。这里我们点击第二段视频素材，当
素材轨道中出现白色框后，我们在时间轴上拖动该素材轨道的长度，使
其减少 1 秒即可，如图 4-51 所示。如果觉得裁剪不够精准，我们可以
双指放大显示时间轴的长度，将播放指示器前移一秒，这时再进行短视

频的裁剪就会有一定的向指示器吸附效果，使操作更加容易。

（4）下面我们为短视频添加转场效果。点击视频素材之间连接的白色方块，就可以进入转场效果的添加界面，如图4-52所示。剪映为我们提供了包括"叠化""运镜""模糊""光效""故障"和"MG动画"等多种转场效果。这里我们选择为视频素材加入"MG动画"选项下的"向下流动"转场效果：点击该效果，通过拨动滑条来将转场的时长调整为"1.0s"，点击"全局应用"按钮为所有视频素材添加该转场效果，设置完成后点击对号图标即可完成效果的应用。

图4-51

图4-52

（5）下面我们为短视频添加优美的背景音乐。我们点击时间轴素材轨道下方的"添加音频"，选择"音乐"，就能进入剪映预设的音乐库中为短视频挑选背景音乐了，如图4-53所示。我们可以看到，作为抖音的官方剪辑软件，剪映在配乐方面具有得天独厚的优势，它包含各种风格的音乐素材，我们可以选择下载试听或收藏。

　　这里我们选择"治愈"标签下的"隐居山野"作为背景音乐，点击"使用"，返回剪辑界面即成功添加该音乐，如图 4-54 所示。对于超出 10 秒时长的配乐部分，我们可以点击该音轨，选择使用"分割"工具对其进行裁剪并删除多余的部分。如果短视频原声过于嘈杂，我们可以在时间轴前方点击"关闭原声"。我们还可以根据需求加入其他声音效果。

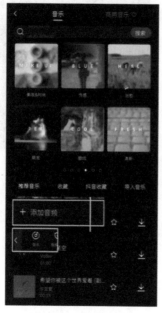

图 4-53　　　　　　　　　　图 4-54

　　（6）剪辑完成后，我们进行短视频的导出设置。我们需要导出高清的短视频，因此这里我们在剪辑页面的右上方将短视频的分辨率调整为"2K/4K"，再将帧率设置为"30"，码率设置为"推荐"，可以看到预计导出文件大小为 37M，如图 4-55 所示。我们点击"导出"，剪辑后的短视频就自动保存在我们的手机相册中了，剪映还为我们提供了一键分享到"抖音"或"西瓜视频"的功能，如图 4-56 所示。

图 4-55

图 4-56

# 第 5 章

## 音频制作

# 5.1 音频素材收集

要想产出一部优秀的短视频作品，除了要有高质量的短视频画面，对声音的处理也很重要。好的音频能够起到增强人物情感的表达、增强环境的氛围感和引人入胜的作用。那么一部完整的短视频作品的音频通常都是由哪些内容组成的？它们都起着怎样的作用？我们又该如何快速地收集到适合自己作品的音频素材呢？下面让我们一起来了解一下吧。

## 5.1.1 音频的种类

### 1. 背景音

背景音是指短视频场景中的环境音，能够体现故事发生的环境和场所，烘托环境氛围。比如，窗外汽车驶过马路的声音、菜市场人们讨价还价的对话声、清晨小鸟叽叽喳喳的叫声、风声、水流声等都是背景音。

### 2. 画外音

画外音是指非短视频画面内容所发出的声音，常见于背景介绍、解说和旁白等，有时也会用于表现人物的内心活动。画外音通常起着解释说明和提醒的作用，有利于推动剧情的发展，带动观众的情绪变化。

### 3. 背景音乐

背景音乐是指在短视频剧情正常推进的过程中，为其加入的配乐。这段配乐通常与剧情的发展成正相关，能够表达人物的内心情感，起着营造氛围的作用，有时也可以用于短视频的转场。

### 4. 特效声音

特效声音是指各种效果音，包括常用于提醒的倒计时声、敲锣声、脚步声、落泪声、爆炸声等音效。特效声音通常用于短视频剧情的转折或一些特殊事件的发生，起到强调和提醒的作用。

### 5. 人物对白

人物对白是指短视频中人物之间的对话或台词配音，是展现人物关系和情感的重要渠道和推动剧情发展的重要媒介。

## 5.1.2　音频素材的收集

### 1. 剪辑软件音效库

许多剪辑软件如剪映、快影等的音效库都为我们提供了丰富的音频素材资源，能够让我们在剪辑短视频的过程中直接使用，非常方便快捷。

在剪映中，我们在视频剪辑页面点击声音轨道或"音频"工具，再点击"音乐"，即可看到剪映为我们提供的不同风格、适用于不同场合的背景音乐，如"纯音乐""卡点""VLOG"和"旅行"等，还包括一些可免费商用的音乐，如图 5-1 所示。我们在抖音软件中收藏过的音乐也可以在这里作为素材使用。同理，我们打开"音效"工具，即可看到剪映为我们提供的不同类型的特效声音，如"春节""情人节""笑声"和"综艺"等，我们可以直接点击使用、收藏或下载，如图 5-2 所示。

图 5-1

在快影中，我们点击主页中的"开始剪辑"选择需要剪辑的素材或打开"本地草稿"后，在视频剪辑页面点击声音轨道或"音频"工具，再点击"音乐"，即可看到快影为我们提供的不同风格和分类的背景音乐，如"轻音乐""影视""游戏"和"DJ"等，如图 5-3 所示。这里我们还可以使用在快手中收藏过的音乐或 QQ 音乐榜单上的热歌作为背景音乐。我们点击"音频"工具，再点击"音效"，即可看到剪映为我们提供的不同类型的特效声音，如"机械""魔法""转场"和"人声"等，我们可以直接使用或收藏，如图 5-4 所示。

图 5-2

图 5-3

图 5-4

### 2. 音频素材网站

一些专业的音频素材网站为我们提供了非常全面的优质声音资源，我们可以找到适合自己作品的免费素材，或购买付费素材。下面为大家介绍几个较常用的音频素材网站。

（1）淘声网：https://www.tosound.com。该网站内提供了上百万种声音资源可供我们挑选，在其主页中可以点击搜索栏直接进行搜索，或在"音乐搜索助手"和"音效搜索助手"中搜索背景音乐资源和声音效果资源，如图 5-5 所示。该网站的音频标有明确的音频使用许可，让创作者免受版权问题的困扰。

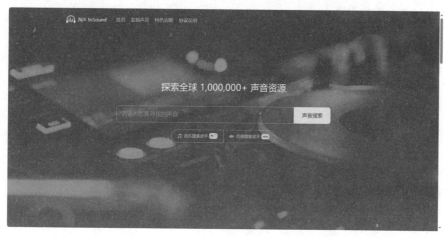

图 5-5

（2）爱给网：https://www.aigei.com。该网站提供多种短视频剪辑素材，其中声音资源种类丰富且分区明确，我们可以在"实录音效库""短视频＆综艺""影视特效音"等标签下，对不同类型、不同格式的声音素材进行精细的筛选，如图 5-6 所示。

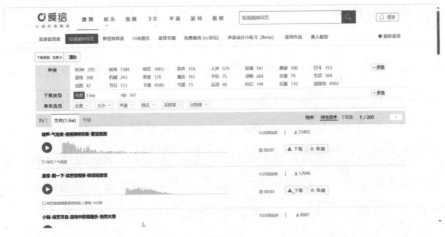

图 5-6

（3）牛片网：https://www.6pian.cn。该网站为我们提供了大量短视频声音素材，在该网站的首页点击"影视工具"下的"商用音乐"选项，我们可以在这里根据不同情绪、风格、乐器和场景进行音乐素材的检索，并进行试听、收藏或下载。而在该网站的首页点击"牛片配音"，则可选择各种不同风格的配音资源，如图 5-7 所示。

图 5-7

（4）小森平：https://taira-komori.jpn.org/freesoundcn.html。该网站目前提供了 1800 余种作者小森平自制的免费音频素材，种类丰富，在符合作者主页规定的前提下素材被允许自由利用和商业使用，且不限制作品内容，如图 5-8 所示。

图 5-8

### 3. 生活中的音频素材

在我们日常生活中各种环境和场合下听到的声音效果，也可以当成素材来使用。比如，路上车辆来往的声音、物品掉落的声音、敲门声和键盘敲击音等，都是我们日常生活中常见且易于获取的音效，进行一定处理后即可用于短视频配音。需要注意的是，录制的声音要尽量清晰，避免出现杂音和噪音。

## 5.2　人工智能配音

随着人工智能技术的快速发展、成熟，目前市面上许多主流短视频剪辑软件和专业网站都更新了配套模块，加入了 AI 配音技术，简化了我们制作短视频的流程，保护了创作者的隐私，降低了短视频配音制作门槛。下面让我们一起来学习如何使用吧。

## 5.2.1 剪辑软件 AI 配音

### 1. 剪映

在剪映中，我们在视频剪辑页面点击"文字"工具，再点击"新建文本"工具，在文本框中输入并创建文案，然后点击该文案，再点击"文本朗读"，我们就可以看到剪映内置的多种音色分类，如"女声音色""男声音色""特色方言""趣味歌唱"等，如图 5-9 所示。我们还可以点击"商用"，查看可免费商用的素材。我们选择想要的音色后，为 AI 配音调整"语速"，再点击"应用到全部文本"，点击对号图标即可成功应用该配音。这时我们可以删除文本，仅保留配音。

图 5-9

### 2. 快影

在快影中，我们在视频剪辑页面点击"音频"工具下的"智能配音"选项，在"添加智能配音"文本框中输入我们需要配音的文字，即可看到快影为我们提供的多种音色，如"百变女声""经典男声""特色方言"等，如图 5-10 所示。这里我们选择想要的音色后，点击"生成配音"即可成功应用该配音。这时我们可以删除文本，仅保留配音。

## 5.2.2 智能配音生成网站

如果你对智能配音的品质要求较高，希望获得更加真实的 AI 合成声音效果，可以关注一些智能配音生成网站。
这些网站为我们提供了更全面的智能配音音色
和自由度更高的编辑操作页面，下面让我们一
起来看看吧。

### 1. 魔音工坊

魔音工坊的网址为 https://www.moyin.com。
魔音工坊为我们提供了几十个领域的上百种不
同风格的智能音色，支持多国语言，并提供了
20 余种可操作的调音工具。我们新建文本，选
择喜欢的配音师，用调音工具分别对文案中的
多音字、语气和停顿等细节进行调整，最后选
择需要的格式对生成的音频或字幕进行导出即
可，如图 5-11 所示。

图 5-10

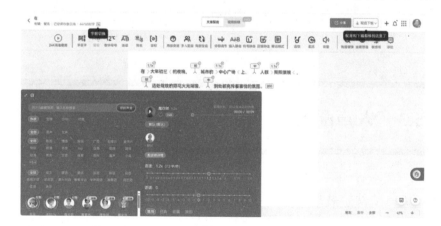

图 5-11

### 2. 悦音配音

悦音配音的网址为 http://yueyin2.chuangzuoniu.com。悦音配音网
站为我们提供了 400 余种 AI 主播音色，支持多国语言，并提供 10 余种

专业调音工具，支持多种格式的资源导出。我们在网站主页面找到"软件配音"，进入编辑页面输入文案，点击"更换主播"挑选喜欢的音色，使用编辑工具对多音字、停顿和局部变速等细节进行调整，最后点击"下载音频"即可。每月我们都有 1000 字的免费使用智能生成配音的权益，如图 5-12 所示。

图 5-12

## 5.3　人声配音

　　人声配音是最常见的一种传统配音方式，也是声音效果最自然的一种配音方式，适用于绝大多数的影视作品。我们可以自己为一些生活类题材的短视频作品进行配音，也可以选择专业的配音演员来为配音难度较高的作品进行配音。下面让我们一起来学习配音设备的选择、配音的注意事项，以及如何寻找专业的配音演员。

## 5.3.1　收音设备的选择

### 1. 智能手机

如果你对短视频的声音质量没有过高的要求，那么智能手机无疑是最好的选择。智能手机具有集短视频拍摄、剪辑、合成、导出与发布全流程一体化的优势，且易于携带，普及率高，非常简单实用。

### 2. 专业收音设备

如果你对短视频的声音质量有更为专业的要求，希望录制出高清无损的音质，那么就需要选择更为专业的收音设备了。

在挑选专业收音设备时，我们通常需要注意以下内容。收音设备是否支持高分辨率的音频，是否有足够的输入和输出通道以支持监听和录制多个声源，是否支持多种设备类型的连接，以及设备核心性能是否优秀稳定？麦克风是否与使用场景相匹配，是否支持更广泛的声音频率范围，是否具备良好的降噪性能和平坦的响应频率？监听耳机是否支持更广泛的声音频率范围，是否具备平坦的响应频率，是否轻量化且具有一定的佩戴舒适度？

### 3. 辅助设备

一些辅助设备的使用能够让我们的声音录制过程事半功倍，如优质的声卡、防震支架、录音棚等。

## 5.3.2　配音的注意事项

在为影视作品进行人声配音时，需要注意以下几点。

### 1. 情感表达

在配音时，能否准确表达出人物情感非常重要。我们说话时的语气、语调、节奏和音量变化等因素都会影响到最终情感的呈现。我们可以通过联想发生在自己身上的事件来保持个人情感与所配人物的情感一致。

### 2. 匹配剧情

人物台词配音的语境要符合当下故事发生的环境、剧情发展的进度、人物的身份和个性、人物之间的关系等客观条件，否则会让观众感到出戏，削弱代入感和体验感。

### 3. 节奏韵律

在为人物配音时，应把控好一定的节奏和韵律，与短视频画面的动态变化和人物的动作形象相配合；注意语速疏密得当，适当的停顿有助于观众的思考。

### 4. 声音质量

高品质的人声配音有助于提升短视频整体的质量和水平，我们在选择收音设备时要尽量使用高品质的麦克风、声卡和录音设备，确保声音清晰自然。

### 5. 噪音控制

在配音时，要尽量选择相对安静、无杂音的录音环境，以及减少对收音设备不必要的接触，尽量避免出现杂音和噪音。

### 6. 音量控制

对整体短视频的配音音量要有系统的把控，使其保持在合理的范围内，不要出现声音无故忽大忽小的情况，否则会影响观众的视听体验。

## 5.3.3　寻找专业配音演员

除了上述方法，我们还可以寻求专业人士的帮助。许多配音爱好者和专业的配音演员都会在一些平台和社区中发表个人配音作品，他们通常具备专业的素养和丰富的实践经验。我们可以寻找适合自己短视频中角色的音色，在平台上留言或私信与它的创作者进行联系、咨询和购买。下面让我们一起看看都有哪些可用平台吧。

### 1. 配音秀

配音秀是一款娱乐类配音软件，提供了丰富的影视素材片段，用户可以在此平台展示发布个人配音或模仿秀作品，也可以与他人进行合作配音。该软件提供了社交功能，用户可以互相留言、评论和私信，并关注自己喜欢的配音制作人或收藏自己喜欢的作品。在这里我们可以选择试听首页推荐的优秀配音作品或在社区圈子中搜索自己需要的题材作品，私信自己感兴趣的创作者，与其进行联系、咨询和配音合作。

### 2. 戏鲸

戏鲸是一款多人语音配音软件，提供了丰富的剧本可供用户进行实时角色扮演和配音。该软件也提供了社交与俱乐部功能，允许用户结识志趣相投的配音爱好者，收听他人的配音作品，选择喜欢的音色并与其创作者进行咨询商议。

### 3. 购物平台

一些我们平时网购经常会使用到的平台其实也是我们寻找专业配音演员的渠道之一。比如，在淘宝和闲鱼等平台，我们只要在搜索栏中输入关键词，如"专业配音""真人""广告宣传""动画""旁白"和"解说"等，即可搜索到相关商家进行咨询和购买。需要注意的是，这一途径所找到的配音演员的配音能力可能良莠不齐，要注意甄别，多查看评价和进行询问。

## 5.4　音频的剪辑与后期处理

在完成音频的制作以后，我们就可以对其进行剪辑和后期处理的添加了。合理的裁剪与效果的添加能够增强音频的环境氛围，提升观众的视听体验感。目前市面上的剪辑软件中，Pr 的音频剪辑模块较为专业，可操作性强；剪映的音频剪辑模块功能较为简单，易于操作。下面让我们以 Pr 和剪映为例，来学习下音频的剪辑与后期处理吧。

### 5.4.1 音频的剪辑

#### 1.Pr

我们打开 Pr，新建一个项目，导入需要编辑的音频素材，并将其拖到时间轴上。在 Pr 的工具栏中，我们可用的音频剪辑工具有"选择""向前 / 后选择轨道""波纹编辑""剃刀""内外滑"等。

我们点击"选择"工具，在时间轴上单击一段音频素材，即可单独选中该音频素材；我们还可以将需要的音频素材划入矩形虚线选框，将它们一次性框选出来。我们选择一段音频素材，按住鼠标左键可将其拖动到其他任意声音轨道位置上，如图 5-13 所示。

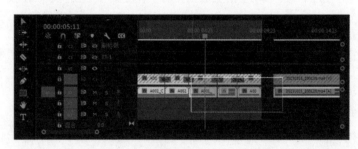

图 5-13

我们点击"向前选择轨道"工具，将鼠标对准任意一条声音轨道，即可一次性选择鼠标位置之前该轨道上的全部素材；"向后选择轨道"工具效果相反，如图 5-14 所示。

图 5-14

我们点击"波纹编辑"工具，可以对时间轴上素材与素材之间的空隙进行选择，并进行删除或拉伸等操作，如图 5-15 所示。

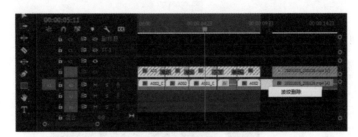

图 5-15

我们点击"剃刀"工具，即可在音频素材上的任意位置进行切割，如图 5-16 所示。

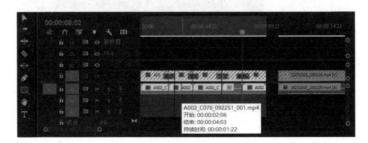

图 5-16

我们点击"内滑"工具，选择一段切割过的音频素材，点击中间的素材，当我们对其进行左右移动时，其前后两段素材的切入点位置将发生改变，而音频总时长不变，如图5-17所示。相同前提下，"外滑"工具则会改变素材自身播放切入点，其前后素材的切入点和音频总时长都保持不变。

图 5-17

我们选择一段音频素材，点击鼠标右键，会弹出相关的其他可操作项，包括"剪切""复制""删除属性""清除""波纹删除""渲染和替换""启用""嵌套""标签""速度/持续时间""音频增益""音频声道""重新混合""重命名"和"显示剪辑关键帧"等相关音频编辑工具，我们可以根据项目需求进行操作，如图5-18所示。

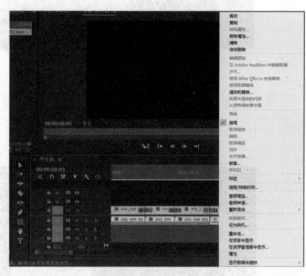

图 5-18

## 2. 剪映

我们进入剪映的视频剪辑页面，点击声音轨道即可打开与音频相关的剪辑工具栏。剪映为我们提供了"音量""淡化""分割""删除""变速""复制"和"添加关键帧"等音频剪辑工具，如图 5-19 所示。

我们点击一段音频，点击"音量"工具，即可在"0~1000"的范围内拨动滑条更改声音的音量大小，如图 5-20 所示。

图 5-19　　　　　　　　　　图 5-20

点击"淡化"工具，即可拨动滑条分别对"淡入时长"和"淡出时长"进行调整；点击"变速"工具，即可对所选音频进行"$0.1×~100×$"的变速调整，倍数越小则播放速度越慢，总时长越长；倍数越大则播放速度越快，总时长越短。

点击"复制"工具，即可在当前音频的末端复制该音频；滑动播放指示器，再点击"分割"工具，即可在指示器当前位置将音频截断；选择多余的音频，点击"删除"工具，即可删除该段音频。

拨动播放指示器，再点击"添加关键帧"，即可在当前位置添加控制音量大小的关键帧，在音频的不同位置添加两个不同音量的关键帧，即可控制这段区间内音量大小的平滑过渡，如图5-21所示。

## 5.4.2 音频的后期处理

### 1.Pr

我们打开Pr，新建一个项目，导入需要编辑的素材，并将其拖到时间轴上。在Pr的"效果"面板和"基本声音"面板下，我们可以找到对音频进行后期处理的预设和工具。

点击Pr的"效果"面板，点击"音频效果"，可以看到Pr为音频提供的各种

图5-21

后期处理预设，种类丰富、功能十分强大，如对音频添加"振幅与压限""延迟与回声""降杂/恢复""特殊效果""混响"等效果。我们只需选择想要的后期处理效果，将其拖动到时间轴上的目标音频中即可完成添加，详细参数的设置和调整可以在"效果控件"里进行。

这里我们为所选音频添加消除齿音和降噪效果。我们首先选择目标音频，点击"效果"面板，打开"音频效果"，找到"振幅与压限"下的"消除齿音"效果和"降杂/恢复"下的"降噪"效果，将它们分别拖到目标音频中；我们继续点击该音频，打开"效果控件"面板，可以发现在音频名称的下方已经成功加入这两种效果了，将它们展开，即可看到当前处理的各项参数，可以根据需要对其进行详细更改。这里我们展开"降噪"效果，打开"各个参数"，拨动滑条，将降噪"数量"

由默认值"20%"改为"30.2%"，这样音频的降噪处理效果就更加明显了，如图 5-22 所示。

图 5-22

　　点击 Pr 的"基本声音"面板，在这里我们可以看到 Pr 为四种不同类型的音频做出的预设，有"对话""音乐""SFX"和"环境"，点击目标音频为其分配标签，即可启用基于音频类型的编辑选项。

　　基于短视频内容的需求，我们为目标音频添加"环境"标签，即可对音频的"预设""响度""创意""立体声宽度"和"回避"等内容的具体数值做出调整。这里我们选择勾选"响度"和"混响"，将"预设"设置为"外部环境"，"数量"调整为"6.0"，勾选"立体声宽度"和"回避"，将回避依据设置为"依据对话剪辑回避"，即可得到能够主动回避人声的外部环境音，如图 5-23 所示。

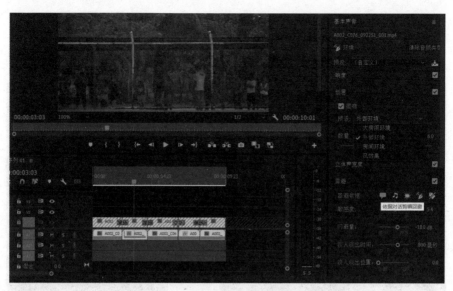

图 5-23

## 2.剪映

我们进入剪映的视频剪辑页面，点击声音轨道即可打开与音频相关的编辑工具。剪映为我们提供了"声音效果""人声分离""降噪"等音频处理工具，如图 5-24 所示。

我们点击一段音频，点击"声音效果"工具，里面包括"音色""场景音"和"声音成曲"等选项。在"音色"工具中，我们可以为音频调整或叠加不同的音色效果，如"猴哥""小孩""老婆婆"等，如图 5-25 所示。在"场景音"工具中，我们可以为音频添加不同场景的声音效果，如"水下""环绕音""颤音"等。在"声音成曲"工具中，我们可以为音频添加"节奏蓝调""雷鬼""嘻哈""爵士""民谣"等不同类型的曲调节奏。

图 5-24

图 5-25

我们重新选择一段音频，点击"人声分离"工具，可以选择为这段音频"仅保留人声"或"仅保留背景声"，适用于分离混杂的音频素材，如图 5-26 所示。

我们点击一段音频，点击"降噪"工具，开启该效果，即可一键为音频降噪。

图 5-26

第 6 章

字幕制作

# 6.1 用 Pr 为短视频制作字幕

为短视频制作字幕是影视制作流程中重要的一环，它能够起到解释说明、扩大受众范围、服务于听障人士的重要作用。我们可以使用 Pr 的"字幕"功能或"文字"工具来给短视频制作字幕，下面一起来学习如何操作吧。

## 6.1.1 使用"字幕"功能制作字幕

下面，我们使用 Pr 的"字幕"功能来为短视频制作字幕。

我们打开 Pr，新建一个项目，导入需要编辑的素材，并将其拖到时间轴上。点击菜单栏中的"序列"选项卡，在最下方找到"字幕"，点击"添加新字幕轨道"，如图 6-1 所示。在弹出的对话框中选择"格式"为"副标题"，点击"确定"成功创建字幕轨道"C1"。

将"播放指示器"挪动到需要添加字幕的地方，再次点击"字幕"，点击"在播放指示器处添加字幕"，我们可以看到 Pr 已经自动在时间轴上

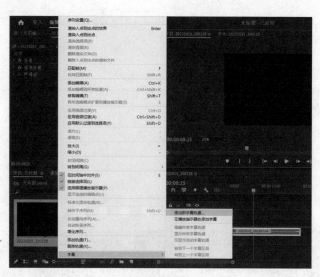

图 6-1

创建好了一条"新建字幕",如图 6-2 所示。

图 6-2

我们在"文本"模块的"字幕"栏可以看到我们刚刚创建的字幕;点击底部三个不同大小的"ABC"可以调整视图显示大小;我们在此双击"新建字幕"文字,即可更改字幕内容,还可以对其进行文件导出和拼写检查等设置。这里我们将其更改为"请问你觉得校园内饲养动物对学生的日常生活有什么影响吗?"如图 6-3 所示。

图 6-3

在时间轴上选中我们刚刚创建的字幕，选择"基本图形"模块，选择"编辑"，可以对字幕样式做出更为详细的调整，如调整文本字体样式及大小、对齐方式、区域及输入方向、字距、水平/垂直位置、外观和透明度等。这里我们拨动滑条将字体大小改为"48"，文本水平、垂直方向均设置为"居中对齐"，字距调整为"100"，字幕块位置改为正下方，勾选"背景"和"阴影"。我们还可以在监视器中直接单击字幕上的文字，当出现蓝色选框时，我们可以拖动以更改其位置；双击字幕上的文字，当出现红色选框时，我们可以更改其文本内容；点击画框外取消选择或更改，如图6-4所示。

图6-4

如果需要批量手动输入字幕，目前较为快捷的办法是在确定字体的格式后，将其拉长填充至整个短视频，然后根据剧情发展，在需要更改字幕内容的地方使用"剃刀"工具切断，再对其进行文字内容的修改，这样能够保障其格式和位置的统一性，如图6-5所示。

图6-5

## 6.1.2　使用"文字"工具制作字幕

下面，我们使用Pr的"文字"工具来为短视频制作字幕，如图6-6所示。

我们打开Pr，新建一个项目，导入需要编辑的素材，并将其拖到时间轴上。点击短视频编辑工具中的"文字"工具，将鼠标悬停在监视器画面上，当出现文字输入图标时，我们在希望放置字幕的位置进行框选，

图6-6

生成文本框。我们在监视器中点击文本框，当文本框变为红色时，可在上面输入字幕内容，如图6-7所示。

图 6-7

在监视器中选择该字幕，在"基本图形"模块选择"编辑"，可以对该文字进行详细设置，如对齐方式、外观、切换动画、文本样式等，功能相对更为完整全面。这里我们将文本的对齐方式设置为"水平居中对齐"，文本字体设置为"幼圆"，字体样式设置为"Regular"，字体大小调整为"55"，勾选"外观"下的"描边"并在取色器中将颜色调整为"纯黑色（#000000）"，描边宽度改为"6.0"，如图 6-8 所示。

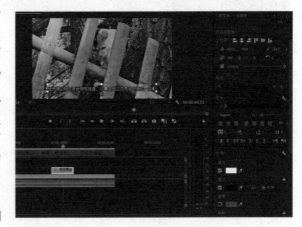

图 6-8

在时间轴中选择该字幕，在"基本图形"模块选择"编辑"，可以找到"在'文本'面板中显示"，如图 6-9 所示。点击该选项后，就可以在"文本"模块的"图形"栏找到我们刚刚添加的文字，我们可以对其进行修改、导出文件和拼写检查等操作，如图 6-10 所示。

图 6-9　　　　　　　　　　图 6-10

## 6.2　用剪映为短视频制作字幕

我们还可以使用剪映来给短视频制作字幕，具体操作步骤如下。

我们打开剪映，新建一个项目，导入需要编辑的素材。在视频剪辑页面中，点击"文字"工具，进入文字编辑模块；将播放指示器移动到需要添加字幕的位置，再点击"添加文本"，在"输入文字"对话框中输入需要添加的字幕内容。

输入文字后，在页面下方我们可以看到"字体"和"样式"选项。在"字体"选项下，我们可以根据需求挑选剪映为我们提供的各种字体。这里我们将字体改为可免费商用的"抖音体"，如图6-11所示。

在"样式"选项下，我们可以根据需

图 6-11

求更改文本的颜色、字号、透明度、描边、发光、背景、阴影和弯曲等，也可以选择剪映预设的文字样式；拨动底部滑条，可以对字体及文本框的大小同时做出调整，如图 6-12 所示。这里我们将文本字号改为"5"、透明度改为"80%"、文本颜色改为浅粉色、描边设置为黑色、拨动滑条将粗细改为"40"，点击对号图标完成设置。

设置完字体内容和字体样式后，我们点击返回上一层，选择"基础属性"工具，为字幕设置位置、缩放和旋转，如图 6-13 所示。这里我们拨动滑条将其在 X 轴和 Y 轴上的位置设置为（0，-800），使其大致在画面正下方、缩放设置为 90%，点击对号图标完成设置。

图 6-12

图 6-13

我们也可以直接点击选择并拖动文本框，手动将其放置到合适的位置，当上方监视器画面中上下、左右出现蓝色竖条时，则代表所选项正处在画面横向或纵向的正中央，方便我们对其进行调整。

## 6.3　字幕的自动生成与自动翻译

经过实践我们可以发现，如果想要为一部较长的短视频作品添加多条字幕，手动逐一添加和调整将耗费我们很多的时间和精力。那么在短视频人声配音已经完成的前提下，有没有一种方法能够简化我们的工作流程呢？这就需要我们使用剪辑软件的字幕自动生成与自动翻译功能了，下面让我们分别以 Pr、网易见外和剪映为例，一起来学习如何操作吧。

### 6.3.1　Pr 自动生成字幕

我们打开 Pr，新建一个项目，导入需要编辑的素材，并将其拖到时间轴上。在时间轴上点击需要自动生成字幕的音频素材，在监视器工具栏中为需要进行转录字幕的区间"标记入点"和"标记出点"。

找到"文本"模块，选择"转录文本"功能，点击"转录序列"，在弹出的对话框中将"语言"改为"简体中文"，勾选"仅转录入点到出点"，点击"转录"，Pr 会为我们自动创建语音转录文本，如图 6-14 所示。如果短视频中发言者所说的内容为其他语种，如英文，我们也可以勾选"英文"。

图 6-14

再点击"创建说明性字幕"图标，会弹出对自动生成字幕的格式和样式进行设置的对话框，我们保持系统默认设置，点击"创建"，Pr会在短视频中相应位置的画面下方和对应时间轴位置上自动生成字幕，如图 6-15 和图 6-16 所示。

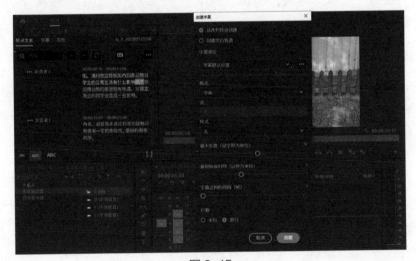

图 6-15

图 6-16

我们可以看到 Pr 的转录文本模块将文本依据对话和停顿分成了两部分，但有时由于我们的素材内容不够清晰明确，如需对台词的发言者加以区分标记，可以进行手动调整。这一模块的内容排版并不影响字幕与短视频中人物对话内容的对齐。我们点击需要分割的位置，点击"…"图标，点击"拆分区段"，即可成功分离该区段。我们还可以双击"发言者 1"，点击"编辑发言者"，为其设置具体名称。这里我们将"发言者 1"名称改为"记者"，并点击"添加发言者"，将其名称改为"学生"，如图 6-17 所示。

我们在"转录文本"中点击生成的文本的任意字符，就会发现播放指示器自动跳转到对应的音频素材位置；我们在"文本"下点击任意文本对话框，播放指示器也会自动

图 6-17

跳转到该片段，十分直观，方便我们查看与操作。

我们同样可以对自动生成的字幕自由更改格式：点击需要进行格式更改的字幕，或用框选工具在时间轴上一次性选择多条字幕，在"基本图形"模块的"编辑"栏中可以进行格式的修改调整；这里我们框选全部字幕，将字体设置为"新宋体"，拨动滑条将字体大小设置为"55"，点击"播放"按钮可以发现全部字幕的目标格式都已经修改好了。

### 6.3.2　网易见外自动翻译与生成字幕

网易见外是由网易出品的一款 AI 智能线上平台，集短视频听翻、直播听翻、语音转写、文档直翻功能为一体，且大部分功能都可免费试用。我们可以用它来自动翻译经过 Pr、剪映等剪辑软件制作的短视频，为其生成双语字幕，一起来学习如何操作吧。

我们在搜索引擎中输入网易见外的官方网址 https://sight.youdao.com，即可进入该平台的首页，如图 6-18 所示。我们点击首页的"视频智能字幕"模块，点击"立即试用"，使用网易账号进行登录后即可开始使用工作台。

图 6-18

进入工作台界面以后，我们点击"新建项目"，根据需求选择"视频翻译""视频转写""字幕翻译""语音翻译"等功能，如图 6-19 所示。这里我们直接选择"视频翻译"来为短视频生成中英双语字幕。

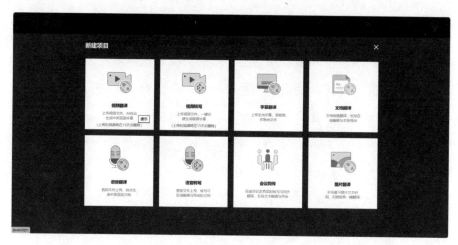

图 6-19

此时系统弹出页面如图 6-20 所示。这里我们在"项目名称"栏中填写"网易见外字幕自动生成与自动翻译"，为其命名；在"上传文件"中点击"添加视频"，并导入 MP4 格式、占用内存不大于 100M 的短视

图 6-20

频；在"翻译语言"对话框中将语言设置为"中译英"，点击"提交"即可。在工作台上我们可以看到平台正在为我们处理此短视频，并显示"预计等待时间"，根据短视频不同的时长和大小，我们通常需要等待几分钟到十几分钟。

一段时间之后，我们刷新页面，发现短视频已经处理完成了；我们点击该短视频，进入浏览和导出字幕的页面，可以对是否进行中英双语翻译对话进行设置，对语气词进行过滤，以及对词汇进行替换；还可以点击对话内容，对其进行详细更改，或点击"切分"图标对其从鼠标当前位置进行截断操作。这里我们打开"自动翻译"和"语气词过滤"功能，如图 6-21 所示。

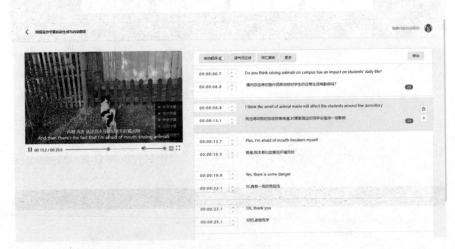

图 6-21

在完成所有更改后，我们点击"导出"，在弹出的"下载字幕"对话框中，我们选择"中英字幕"，点击"确定"，即可导出中英双语字幕，如图 6-22 所示。我们在网页文件的下载路径中即可找到处理完成的 SRT 格式文件。

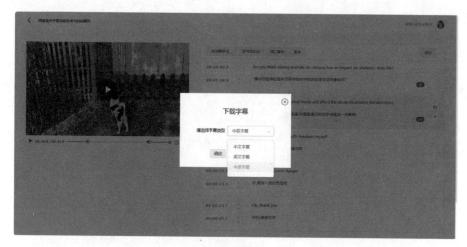

图 6-22

　　我们将该文件拖入 Pr 项目浏览器中，可以在"文字"模块的"字幕"栏和时间轴上看到中英双语字幕，如图 6-23 所示。我们可以在"基本图形"模块的"编辑"栏中对字幕进行大小、位置和样式的调整，调整方式请参考 6.1 节部分内容。

图 6-23

### 6.3.3　剪映自动翻译与生成字幕

我们打开剪映，新建一个项目，导入需要编辑的素材。在剪辑页面的"文字"工具中，点击"识别字幕"功能，在弹出的窗口中对"识别类型""双语字幕"和"标记无效片段"等进行设置，如图 6-24 所示。这里我们将"识别类型"设置为"仅视频"，将"双语字幕"设置为"中英"，点击"开始匹配"后，剪映会为我们在对应位置自动生成中英双语字幕，在时间轴和短视频画面中都可以看到，如图 6-25 所示。

如果想要对全部字幕进行编辑，我们可以选择"批量编辑"，点击左上角"选择"，勾选"全选"，则成功选择全部字幕；也可以手动对需要更改的字幕进行单独勾选，如图 6-26 所示。

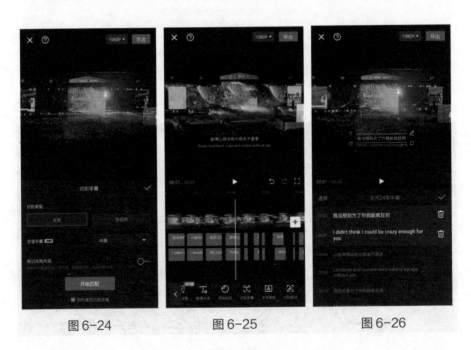

图 6-24　　　　　　　图 6-25　　　　　　　图 6-26

确认勾选内容后，我们点击"编辑样式"，即可对所选对象进行样式的修改，如图 6-27 所示，修改方式可参考 6.2 节部分内容。这里我们将字体颜色设置为黄色，将描边粗细设置为"40"，更改后点击"完

成",再点击对号图标,然后点击"播放"按钮会发现全部字幕已经统
一完成更改,如图 6-28 所示。

图 6-27

图 6-28

# 6.4 为字幕添加特效

字幕特效的添加能够为我们带来更加丰富的文字视觉效果,加强
观众对字幕内容的注意。下面让我们以 Pr 和剪映为例,一起来学习为
字幕添加特效的操作吧。

## 6.4.1 用 Pr 为字幕添加特效

我们打开 Pr,新建一个项目,导入需要编辑的素材,并将其拖到

时间轴上。

我们需要明白，准备添加特效的目标文字的基本格式是使用"文字工具"制作出的、在时间轴上用粉色图标显示的图形格式，而非橙黄色的字幕格式，因为我们为其添加特效是使用与图形和视频有关的模块来制作的。

下面我们提供几款字幕特效的参考示例。

### 1. 流动效果

我们在时间轴上选择需要添加特效的字幕，先在"基本图形"的"编辑"栏中，根据需求对其外观做出调整，调整方式参考 6.1 节部分内容，如图 6-29 所示。

图 6-29

我们在"效果"模块的"风格化"效果中找到"粗糙边缘"效果，点击将其拖动到目标文字上，如图 6-30 所示；在"效果控件"面板中

对其参数进行调整，如图 6-31 所示。这里我们将"边缘类型"设置为
"粗糙"，"边框"设置为"60.00"，"边缘锐度"设置为"1.50"，"不规
则影响"设置为"1.00"，"比例"设置为"100.0"，"复杂度"设置为
"2"，如图 6-32 所示。

图 6-30

图 6-31

图 6-32

接下来，我们为其制作动态效果。我们将播放指示器放置到时间轴第一帧，单击"效果控件"模块中"粗糙边缘"下的"演化"前的小时钟图标，我们可以看到关键帧的显示；我们继续挪动播放指示器、任意调整演化数值、点击小时钟图标观察关键帧，并重复此操作；完成后点击"播放"按钮，会发现已经成功制作好字幕的流动效果。

2. 扫光效果

我们在时间轴上选择需要添加特效的字幕，在同一时间和位置的不同轨道上复制并粘贴该字幕，如图 6-33 所示。

图6-33

我们对下层文字的亮度进行调整：点击该字幕，在"基本图形"的"编辑"栏中更改其"填充"颜色，使其变暗，点击"确定"应用效果，如图6-34所示。

图6-34

我们点击上层字幕，再点击"效果控件"，找到"视频"下的"不透明度"选项，点击椭圆形图标，将创建的椭圆形蒙版在监视器画面中调整大小以适应字幕内容，并将其放置到字幕的起始位置；将"蒙版"下的"蒙版羽化"设置为"100.0"，以控制其扫光范围，如图6-35所示。

图6-35

接下来，我们为其制作动态效果。我们只需为蒙版制作横向匀速移动的动画即可实现扫光效果：我们将播放指示器放置到该字幕在时间轴上的起始位置，点击"蒙版"下"蒙版路径"前的小时钟图标，为其制作起始帧；挪动播放指示器，将其放置到字幕在时间轴上的结束位置，再次点击小时钟图标，为其标记结束帧；点击"播放"按钮，即可形成字幕的扫光效果，如图6-36所示。

图 6-36

### 3. 过渡效果

我们可以使用"效果"模块中的"视频过渡"为字幕之间添加过渡效果。这里我们找到"视频过渡"下的"擦除",再点击其下的"划出",将它拖动到时间轴上两条字幕中间的接缝处,即成功添加该过渡效果,如图 6-37 所示。我们将鼠标悬停在该效果的起始点或结束点,当画面中出现中括号图标时,我们可以拖动该图标以调节过渡效果的长度。

我们可以看到,Pr 的"效果"模块为我们提供了各式各样的视频效果和视频过渡效果,非常全面,我们可以发挥自己的创造力,多尝试各种效果和蒙版的组合,创造出独一无二的字幕特效。

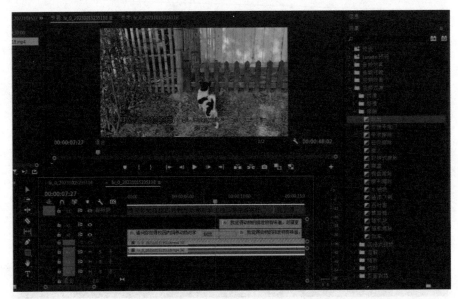

图 6-37

## 6.4.2 用剪映为字幕添加特效

我们打开剪映，新建一个项目，导入需要编辑的素材。

我们选中需要添加特效的字幕素材，点击"花字"工具，可以看到剪映为我们提供的各式各样的花字模板，包括"发光""彩色渐变""黄色""黑白"等分类。我们挑选喜欢的特效样式后，点击该样式，再勾选对号图标，即可为字幕成功添加该效果。这里我们选择"彩色渐变"下的一款效果，如图 6-38 所示。

我们还可以为字幕添加动态效果：点击需要添加动态效果的字幕，点击"动

图 6-38

画"工具，在这里我们可以选择为字幕添加"入场""出场""循环"等
动画效果，款式多样且美观。这里我们选择为字幕添加入场动画"激光
雕刻"效果、出场动画"发光闪出"效果、循环动画"扫光"效果。我
们在底部拨动滑条可以分别为特效调整播放速度，完成后勾选对号图
标，即可成功添加全部效果，如图 6-39 所示。

　　如需为全部字幕添加特效，我们可以点击"批量编辑"工具，点
击"选择"，再点击"全选"，然后点击"编辑样式"工具，在"花字"
和"动画"中选择字体效果后点击"完成"，勾选对号图标即可，如图
6-40 所示。

图 6-39

图 6-40

第 7 章

短视频特效制作

# 7.1　添加画面特效

为短视频添加画面特效能够更好地表现短视频内容，起到服务剧情、吸引观众视线、增强画面视觉冲击力和增添趣味性等作用。下面让我们以 Pr 和剪映为例，一起来学习为短视频添加画面特效的操作吧。

## 7.1.1　用 Pr 添加画面特效

我们打开 Pr，新建一个项目，导入需要编辑的素材，并将其拖到时间轴上。

我们在界面中找到"效果"模块，点击"视频效果"，里面涵盖了 Pr 为我们提供的不同类别的画面特效，包括"变换""图像控制""实用程序""扭曲""时间""杂色与颗粒""模糊与锐化"等。下面我们挑选几种较为常用的画面特效进行讲解和演示。

### 1. 马赛克效果

马赛克效果是指用色块覆盖具体内容以模糊画面，通常用于需要保护人物个人隐私的场合。给短视频添加马赛克效果的具体操作如下。

我们选择需要添加马赛克效果的内容所在的短视频片段，将其复制并放到同一时间的上层轨道中；进入"效果控件"面板，找到"视频"下的"不透明度"选项，点击椭圆形图标以创建椭圆形蒙版。这时监视器中会出现一个蓝色可调节的椭圆形框，我们将其拖动到需要添加马赛克效果的画面位置，并调节其大小，使其覆盖目标内容。

我们找到"效果"模块下的"视频效果"选项，选择"风格化"下的"马赛克"效果，将其拖动到时间轴中我们刚刚复制的短视频片段上，如图 7-1 所示。

图 7-1

我们回到"效果控件"面板对其进行具体的调节。这里我们将"蒙版"下的"蒙版羽化"值调整为"20.0"，以获得更加自然的马赛克过渡效果；将"马赛克"下的"水平块"和"垂直块"调整为"20"，以获得适合画面内容的马赛克密度。我们在监视器中点击"播放"按钮即可看到调整好的马赛克效果，如图 7-2 所示。

图 7-2

如果想获得马赛克跟随人物移动的效果，我们可以一边移动蒙版位置、一边点击"蒙版路径"前的小时钟图标，对马赛克蒙版进行移动和设置关键帧。

### 2. 鱼眼镜头效果

鱼眼镜头效果是指模拟鱼眼的视觉效果，使画面发生球形形变，广泛用于影视作品的特殊视角镜头制作，如透过门上的猫眼看外面的镜头等。给短视频添加鱼眼镜头效果的具体操作如下。

我们选择需要添加鱼眼效果的内容所在的短视频片段，在监视器中双击该片段，拖动蓝色选框将其放大，以确保有添加鱼眼效果的空间，如图 7-3 所示。

图 7-3

调整好之后，我们找到"效果"模块下的"视频效果"选项，选择"扭曲"下的"球面化"效果，将其拖动到时间轴中该短视频片段的轨道上；回到"效果控件"面板对其进行具体的调节，这里我们将"球

面化"里的"半径"调整为"270",该数值越小球面透视效果越大。我
们在监视器中点击"播放"按钮即可看到调整好的鱼眼镜头效果,如图
7-4 所示。

图 7-4

### 3. 闪电效果

我们在自然界中通常很难直接捕捉到闪电降下的瞬间,但我们可
以运用 Pr 来模拟闪电效果。主要的制作原理是在复制的上层视频图层
中加入闪电动态图形,加入渐变效果以控制其闪白片段,加入闪光灯以
控制其闪黑片段,为该图层的不透明度制作关键帧以控制闪电的出现及
消失,具体操作如下。

我们选择需要添加闪电效果的内容所在的短视频片段,将其复制
并放到同一时间的上层轨道中;找到"效果"模块下的"短视频效果"
选项,选择"生成"下的"闪电"效果,将其拖动到时间轴上我们刚刚
复制的上层轨道中。

默认的初始闪电效果是横向的,并且较为简单,我们可以在"效
果控件"中调整参数以控制其朝向、复杂程度、波动程度及颜色等,如

图 7-5 所示。这里我们根据画面内容，将"起始点"设置为（353.0，-25.0）、"结束点"设置为（388.0，236.0），"分段"设置为"7"，"振幅"设置为"21.000"，"细节级别"设置为"3"，"分支"设置为"0.600"，"再分支"设置为"0.300"，"速度"设置为"6"，"稳定性"设置为"0.400"，勾选"固定端点"，"宽度"设置为"16"，"核心宽度"设置为"0.3"，"宽度变化"设置为"0.6"，"拉力"设置为"30"，"拖拉方向"设置为"-20°"，"随机植入"设置为"5"，"混合模式"设置为"滤色"，勾选"在每一帧处重新运行"。

图 7-5

我们在"效果控件"中将复制图层的"混合模式"设置为"强混合"，得到闪电强光冲击下的环境效果，如图 7-6 所示。我们再为其制作控制透明度的关键帧，来控制闪电图层的出现与消失。这里我们为其制作 6 个关键帧，其透明度分别为"0%""100%""0%""0%""100%""0%"，为两个闪电的循环。

图 7-6

　　我们再找到"效果"模块下的"视频效果"选项，选择"风格化"下的"闪光灯"效果，将其拖动到时间轴中复制的短视频片段上；在"效果控件"中将"闪光灯"下的"闪光色"设置为黑色，"随机闪光率"设置为"20%"，如图 7-7 所示。

图 7-7

　　我们继续找到"效果"模块下的"视频效果"选项，选择"生成"下的"渐变"效果，将其拖动到时间轴中复制的短视频片段上；在"效果控件"中将"渐变"下的"起始颜色"设置为浅灰色，"结束颜色"设置为白色，"渐变形状"设置为"线性渐变"，"与原始图像混合"设置为"15.0%"；在监视器中点击"播放"按钮即可看到调整好的闪电效果，如图7-8所示。

图7-8

## 7.1.2　用剪映添加画面特效

我们打开剪映，新建一个项目，导入需要编辑的素材。

在视频剪辑页面中，点击"特效"工具，我们可以看到"画面特效""人物特效""图片玩法"和"AI特效"，分别针对短视频中不同的目标和对象；我们点击"画面特效"，进入短视频画面特效添加模块，可以看到剪映为我们提供的多种画面特效，如"基础""氛围""动感""复古""Bling""金粉"等。下面我们挑选几种较为常用的画面特效进行讲解和演示。

### 1. 基础运镜效果

剪映为我们提供了丰富的基础运镜效果，包括"翻转开幕""跟随运镜""倒计时""泡泡变焦"和"超大光斑"等。给短视频添加基础运镜效果的具体操作如下。

我们找到"特效"模块下的"画面特效"选项，可以看到"基础"分类下包含了丰富的基础运镜效果，如图 7-9 和图 7-10 所示。这里我们选择"拟截图放大镜"效果。

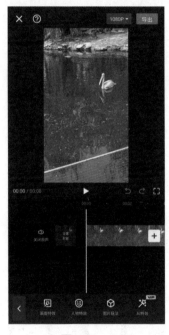

图 7-9　　　　　　　　　　　　　　图 7-10

我们点击"拟截图放大镜"效果上的"调整参数"可以对其进行具体的调节。这里我们将"大小"调整为"65"，"强度"调整为"50"，"垂直位移"调整为"66"，"水平位移"调整为"67"，"模糊"调整为"30"，以获得适合画面内容的拟截图放大镜效果，然后点击对号图标即可，如图 7-11 所示。

我们可以点击并拖动特效轨道以调整其持续时间，也可以将作用对象设置为"全局"或"主视频"，点击"播放"按钮即可看到最终效果。

## 2.光影效果

剪映为我们提供了各式各样的光影效果，包括"柔和辉光""数字矩阵""彩色电光""丁达尔光线""夕阳""百叶窗"和"光谱扫描"等。给短视频添加光影效果的具体操作如下。

我们找到"特效"模块下的"画面特效"选项，可以看到"光"和"投影"分类下包含了丰富的光影特效，如图7-12所示。这里我们选择"光"分类下的"暗夜彩虹"效果。

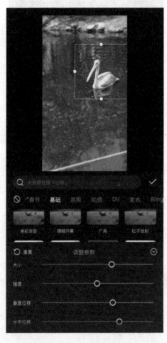

图 7-11

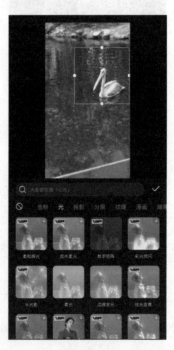

图 7-12

我们点击"暗夜彩虹"效果上的"调整参数"可以对其进行具体的调节。这里我们将"速度"调整为"60"，"光影强度"调整为"100"，"滤镜"调整为"12"，以获得适合画面内容的彩虹光线效果，然后点击对号图标即可，如图7-13所示。

我们可以点击并拖动特效轨道以调整其持续时间，也可以将作用对象设置为"全局"或"主视频"，点击"播放"按钮即可看到最终效果，如图 7-14 所示。

图 7-13　　　　　　　　　　图 7-14

### 3. 自然效果

剪映为我们提供了各种自然效果，包括"下雨""飘雪""花瓣飘落""闪电"和"迷雾"等。给短视频添加自然效果的具体操作如下。

我们找到"特效"模块下的"画面特效"选项，可以看到"自然"分类下包含了丰富的自然效果。这里我们选择"落叶"效果。

我们点击"落叶"效果上的"调整参数"可以对其进行具体的调节。这里我们将"速度"调整为"20"，"不透明度"调整为"70"，以获得更加自然的落叶效果，然后点击对号图标即可，如图 7-15 所示。

我们可以点击并拖动特效轨道以调整其持续时间，也可以将作用对象设置为"全局"或"主视频"，点击"播放"按钮即可看到最终效果，如图 7-16 所示。

图 7-15

图 7-16

## 7.2　添加转场过渡效果

　　为短视频素材画面之间的衔接处添加转场过渡效果能够使场景变换更加流畅自然，有利于故事情节的展现。下面让我们以 Pr 和剪映为例，一起来学习为短视频添加转场过渡效果的操作吧。

### 7.2.1　用 Pr 添加转场过渡效果

我们打开 Pr，新建一个项目，导入需要编辑的素材，并将其拖到时间轴上。

我们在界面中找到"效果"模块，点击"视频过渡"，里面涵盖了 Pr 为我们提供的不同类别的转场过渡效果，包括"内滑""划像""擦除""沉浸式视频""溶解""缩放""过时"和"页面剥落"等。下面我们挑选几种较为常用的转场过渡效果进行讲解和演示。

#### 1. 翻页效果

翻页效果是指模拟手动翻书的转场过渡效果，较为常见。给短视频添加翻页效果的具体操作如下。

我们选择两个相邻的短视频片段，找到"效果"模块下的"视频过渡"选项，在"页面剥落"分类中可以看到"翻页"和"页面剥落"效果，它们都可以用来模拟书本翻页效果。这里我们选择"页面剥落"效果，将其拖动到时间轴中这两个短视频片段的衔接处，如图 7-17 所示。

图 7-17

成功添加后，我们在时间轴上可以看到两段素材之间土黄色的矩形，这就是我们刚刚添加的转场过渡效果。但我们发现，该效果的时长过短，此时将鼠标悬停在该效果上方，当出现红色中括号时，就可以对其进行拉伸。如果出现无法拉伸的情况，我们还可以点击该效果，再点击"效果控件"，在该模块下属的区间时间轴上进行拉伸。我们还可以在"效果控件"面板中更改其对齐方式，或勾选"反向"以更改页面剥落的方向，如图7-18所示。

图 7-18

### 2. 黑场过渡与白场过渡

黑场过渡与白场过渡是非常简单常用的两种转场过渡效果，顾名思义，即前一视频画面逐渐隐为黑色或变为白色，再由黑色或白色逐渐变为后一视频画面的转场过渡效果。给短视频添加这两种效果的具体操作如下。

我们选择两个相邻的短视频片段，找到"效果"模块下的"视频过渡"选项，在"溶解"中可以看到"黑场过渡"和"白场过渡"效果。这里我们选择"黑场过渡"效果，将其拖动到时间轴中这两个短视频片段的衔接处，如图 7-19 所示。成功添加后，我们点击该效果，再点击"效果控件"，即可更改其对齐方式和具体位置等。

图 7-19

### 3. 擦除效果

擦除效果是指前一视频画面通过一定的形状变换预设退场，露出后一视频画面的转场过渡效果，包括"百叶窗""水波块""棋盘擦除""油漆飞溅""时钟式擦除"等预设蒙版效果。给短视频添加擦除效果的具体操作如下。

我们选择两个相邻的短视频片段，找到"效果"模块下的"视频过渡"选项。这里我们选择"擦除"分类中的"百叶窗"效果，并将其拖动到时间轴中这两个短视频片段的衔接处，如图 7-20 所示。成功添加后，我们点击该效果，再点击"效果控件"，即可更改其对齐方式、边框宽度、边框颜色等。

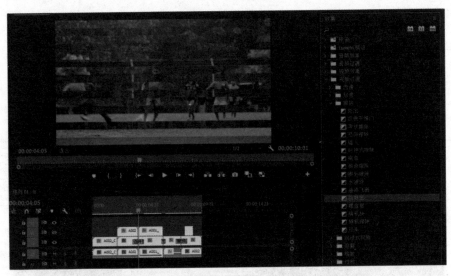

图 7-20

## 7.2.2 用剪映添加转场过渡效果

我们打开剪映，新建一个项目，导入需要编辑的素材。

在视频剪辑页面中，我们点击两段短视频素材之间的小方块图标，即可进入"转场"效果的添加页面，在这里我们可以看到剪映为我们提供的不同种类的转场过渡效果，如"自然""MG 动画""扭曲""故障""叠化""无限穿越"等。下面我们挑选几种较为常用的转场过渡效果进行讲解和演示。

### 1. 叠化效果

叠化效果是常见的一种短视频转场效果，非常自然且实用。给短视频添加叠化效果的具体操作如下。

我们找到"转场"模块下的"叠化"分类，选择"叠化"效果；拨动该效果下方的滑条可以对其进行转场时长调节，这里我们将转场时长调整为"2.0s"，以获得更为明显的转场过渡效果；点击左下角图标以将作用对象设置为"全局应用"，然后点击右下角对号图标即可，如

图 7-21 所示。

　　我们点击"播放"按钮即可看到最终效果，如图 7-22 所示。

图 7-21

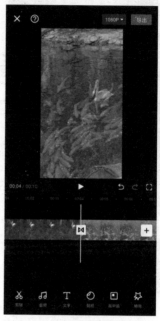

图 7-22

## 2.MG 动画效果

　　MG 动画效果是指通过添加一定的动画效果来衔接前后两个短视频画面，非常有个性和特点，包括"蓝色线条""彩色像素""波点向右""向下流动""白色墨花"和"中心旋转"等效果。给短视频添加 MG 动画效果的具体操作如下。

　　我们找到"转场"模块下的"MG 动画"分类，选择"彩色像素"效果；拨动该效果下方的滑条可以对其进行转场时长调节，这里我们将转场时长调整为"2.0s"，以获得合适的转场过渡效果时长；点击左下角图标以将作用对象设置为"全局应用"，然后点击右下角对号图标即可，如图 7-23 所示。

我们点击"播放"按钮即可看到最终效果，如图 7-24 所示。

图 7-23

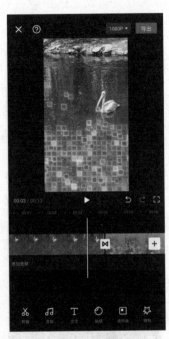

图 7-24

# 7.3　添加滤镜

滤镜效果的添加能够帮助我们更好地控制短视频画面的颜色和调性，起到增强画面表现力、统一画面颜色和符合短视频主题的作用。下面让我们以 Pr 和剪映为例，一起来学习为短视频添加滤镜的操作吧。

## 7.3.1　用 Pr 添加滤镜

我们打开 Pr，新建一个项目，导入需要编辑的素材，并将其拖到时间轴上。

我们在界面中找到"效果"模块，点击"Lumetri 预设"，里面涵盖了 Pr 为我们提供的不同类别的滤镜效果，包括"Filmstocks""影片""SpeedLooks""单色"和"技术"等。下面我们挑选几种较为常用的滤镜进行讲解和演示。

### 1. 模拟相机效果滤镜

Pr 为我们提供了模拟多种知名品牌相机的专业镜头的滤镜效果，如图 7-25 所示。给短视频添加模拟相机效果滤镜的具体操作如下。

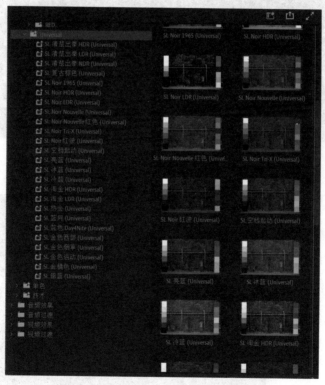

图 7-25

我们选择需要添加滤镜的素材片段，找到"效果"模块下的"Lumetri 预设"选项，在"SpeedLooks"下我们可以看到"摄像机"和"Universal"分类，其中"摄像机"分类中包含了多种品牌相机的模拟效果滤镜，"Universal"分类中包含了通用的镜头调色模板滤镜。我们只需要选择喜欢的滤镜，并将其拖动到时间轴中目标素材片段的轨道上即可。这里我们选择"Nikon D800"目录下的"SL 复古棕色（Nikon D800）"滤镜，如图 7-26 所示。

图 7-26

成功添加后，我们点击该片段，再点击"效果控件"，可以对其进行颜色的校正和晕影等效果的添加。这里我们保持默认效果设置，如图 7-27 所示。

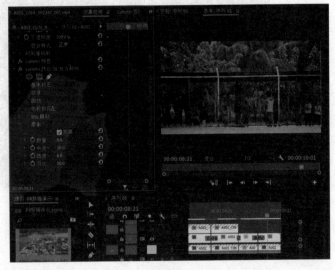

图 7-27

### 2. 模拟影片效果滤镜

Pr 为我们提供了模拟多种电影专业镜头效果的滤镜，如图 7-28 所示。给短视频添加模拟影片效果滤镜的具体操作如下。

我们选择需要添加滤镜的素材片段，找到"效果"模块下的"Lumetri 预设"选项，在"Filmstocks"和"影片"分类中可以看到各式各样的模拟影片效果

图 7-28

滤镜，我们只需要选择喜欢的滤镜并将其拖动到时间轴中目标素材片段的轨道上即可。这里我们选择"影片"目录下的"Cinespace 100 淡化胶片"滤镜，如图 7-29 所示。

图 7-29

成功添加该效果后，我们同样可以在"效果控件"中对其进行具体样式的更改，这里我们保持默认效果设置。

## 7.3.2 用剪映添加滤镜

我们打开剪映，新建一个项目，导入需要编辑的素材。

在视频剪辑页面中点击"滤镜"工具，我们可以看到"滤镜""调节""画质提升"，分别对应了滤镜预设、调节画面颜色数据、提升画面质量。我们点击"滤镜"，进入短视频画面滤镜添加模块，可以看到剪映为我们提供的不同类别的滤镜，包含了"冬日""风景""美食""夜景""风格化""复古胶片"等。下面我们挑选几种较为常用的滤镜进行讲解和演示。

### 1. 户外滤镜

户外滤镜是指适合应用于户外和自然场景的滤镜。剪映为我们提供了"桐影""雾野""花间""野趣"等多种户外滤镜，具体添加操作如下。

我们找到"滤镜"模块下的"滤镜"选项，在"户外"分类中点击"雾野"滤镜，如图7-30所示。

我们拨动底部滑条可以对其进行滤镜作用程度的调节，这里我们将其调整为"80"，以获得适合画面内容的滤镜效果，调整好之后点击右下角对号图标即可。

我们可以按住并拖动该滤镜所在的轨道以调整其持续时间，然后点击"播放"按钮即可看到最终效果，如图7-31所示。

图 7-30　　　　　　　　　　图 7-31

## 2. 风格化滤镜

　　风格化滤镜是指模拟一定风格或特点较为鲜明的滤镜。剪映为我们提供了"羽梦""多巴胺""蓝梦核""暗夜"等多种风格化滤镜，具体添加操作如下。

　　我们找到"滤镜"模块下的"滤镜"选项，在"风格化"分类中点击"多巴胺"滤镜，如图 7-32 所示。

　　我们拨动底部滑条可以对其进行滤镜作用程度的调节，这里我们将其调整为"100"，以获得适合画面内容的滤镜效果，调整好之后点击右下角对号图标即可。

　　我们可以按住并拖动该滤镜所在的轨道以调整其持续时间，然后点击"播放"按钮即可看到最终效果，如图 7-33 所示。

图 7-32

图 7-33

## 7.4　添加画中画效果

画中画效果是指在原有短视频画面中加入另一个或多个同时进行的小面积短视频图层，内容可以是短视频素材、图片素材或图形素材等。画中画的添加能够起到增添短视频趣味性、监控多角度画面的作用，广泛用于新闻播报、直播连麦等场合。下面让我们以 Pr 为例，一起来学习为短视频添加画中画效果的操作吧。

我们打开 Pr，新建一个项目，导入需要编辑的素材，并将其拖到时间轴上。

我们在页面中找到"效果"模块，点击"预设"，打开"画中画"文件夹，在下属的"25% 画中画"文件夹中，我们可以看到"25% LL""25% LR""25% UL""25% UR"和"25% 运动"几个选项，它们分别代表了在原短视频画面的左下方、右下方、左上方、右上方和沿着这几个方位之间的动态路径为短视频添加 25% 画面大小的画中画效果。

我们选择将作为画中画图层出现的短视频素材，将其放置到原短视频时间轴的上层轨道中，拖动以将其长度调整为希望画中画效果在短视频画面中存在的时间长度和位置。

这里我们选择在画面的左下方为其添加画中画图层，我们打开"25%LL"文件夹，可以看到里面包含对 25% 画中画效果进行从完全按比例缩小、缩放入点、缩放出点、按比例放大至完全、旋转入点和旋转出点几种预设，分别对应各种不同效果。我们选中"画中画 25%LL 缩放入点"效果，将其拖动到画中画短视频图层上。现在我们可以看到，画中画效果图层在短视频画面的左下方以原来的 0% 到 25% 的动态放大效果出现了，如图 7-34 所示。

图 7-34

我们还可以在"效果控件"中对该效果的画面大小、时间、路径、颜色、边缘和羽化程度等做出调整。

## 7.5  添加漫画效果

漫画效果是近年来较为流行的一种短视频特效，指将原写实短视频画面进行风格化处理，强调物体边缘线条效果的同时，统一其色彩，使其看起来像漫画或其他种类的绘画效果。漫画效果的添加能够起到增添短视频趣味性、吸引观众注意力的作用。下面让我们以剪映为例，一起来学习为短视频添加漫画效果的操作吧。

我们打开剪映，新建一个项目，导入需要编辑的素材。

我们在视频剪辑页面中点击"特效"工具，再点击"画面特效"，选择"漫画"分类，可以看到剪映为我们提供的多种漫画效果，包括"必杀技""火光包围""三格漫画""黑白线描"等，如图 7-35 所示。

这里我们点击"黑白线描"效果，可以看到短视频画面中已经成功加入该效果；点击该效果上的"调整参数"对其进行细节调整，拨动滑条将"描边滤镜"调整为"85"，就可以得到带有淡色晕染的线描漫画效果；点击对号图标确认设置，即可成功应用该效果。

我们可以在视频剪辑页面的时间轴上拖动该效果轨道对其持续时间做出更改，也可以将作用对象设置为"全局"或"主视频"，如图 7-36 所示。

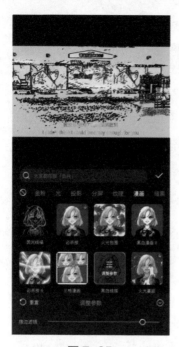

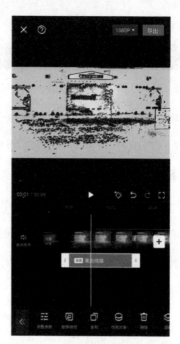

图 7-35

图 7-36

如果我们想将该漫画效果换一种风格，只需点击该效果，再点击底部的"替换特效"，即可重新选择漫画效果。这里我们将风格替换为"荧光线描"，再次点击对号图标，得到的画面效果如图 7-37 所示。

## 7.6　更多热门特效

除了以上几种短视频特效，剪映还为我们提供了非常多的热门趣味特效和玩法模板，

图 7-37

添加方式是大同小异的，下面我们举例说明一下。

## 7.6.1　卡点短视频

卡点短视频是指画面的变化节奏与音乐韵律相一致的短视频，能够加强观众的视听体验。用剪映制作卡点短视频的具体操作如下。

我们在剪映的视频剪辑页面找到"模板"，点击打开后找到"卡点"，里面包含了大量具有卡点效果的模板，如图 7-38 所示。

我们选择"氛围感下雪慢动作"模板，点击"去使用"，系统会弹出添加 1 段短视频素材的页面；选择想制作卡点效果的短视频素材，系统会自动将其剪切成限定时长效果；点击"下一步"，系统会自动合成卡点短视频，如图 7-39 所示。

我们点击页面下方的"点击编辑"，可以对卡点短视频做出调整，也可以进行素材的替换。调整后的下雪卡点短视频如图 7-40 所示。

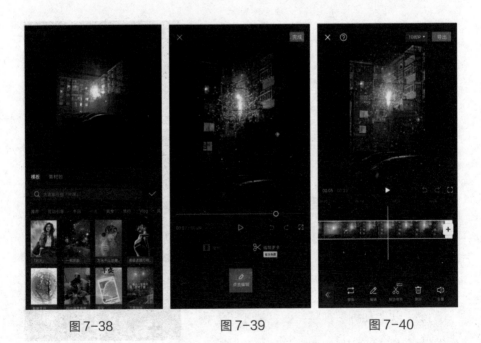

图 7-38　　　　　　图 7-39　　　　　　图 7-40

## 7.6.2　互动引导

很多短视频平台设有奖励机制，因此，我们可以在短视频的片头或片尾添加互动引导，提醒喜欢自己作品的观众点赞或收藏。用剪映给短视频添加互动引导的具体操作如下。

我们在剪映的视频剪辑页面找到"模板"，点击打开后找到"互动引导"，里面包含了大量适用于各平台的互动引导模板，如图 7-41 所示。

我们选择"一键三连"模板，点击"去使用"，剪映会自动在项目片头添加此效果。

我们点击该段互动短视频模板，再点击"编辑更多"，可以对短视频中的"一键""三连"等内容和持续时长做出调整，如图 7-42 所示。

图 7-41

图 7-42

第 8 章

短视频的
导出与发布

# 8.1　导出的基本设置

我们在完成了短视频的制作之后，就可以进行导出了。不同的导出设置会对短视频输出的最终效果产生关键性的影响，可能会影响到短视频的画面质量、占用空间大小和导出范围等。下面让我们以 Pr 和剪映为例，一起来学习对短视频的导出进行合理的设置吧。

## 8.1.1　Pr 的导出基本设置

我们打开 Pr，选择一个制作好的项目，在短视频的起始位置点击"标记入点"，在短视频的结束位置点击"标记出点"，如图 8-1 所示。

图 8-1

在时间轴左侧，我们可以对视频轨道的可见性、音频轨道的独奏或静音进行设置。这里我们选择打开全部通道，以导出所有视频图层和声音效果，如图 8-2 所示。

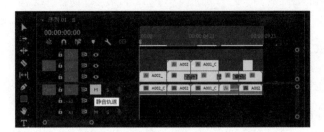

图 8-2

我们在菜单栏中点击"文件"，找到"导出"选项，再点击"媒体"，进入 Pr 的导出设置页面，如图 8-3 所示。

图 8-3

在导出设置页面的"文件名"中，我们可以对导出文件名称进行设置。这里我们将该短视频命名为"导出设置"，Pr 会自动为我们加上

格式后缀 ".mp4"，如图 8-4 所示。

在导出设置页面的 "位置" 中，我们可以选择短视频导出的目标位置，之后我们可以在该位置找到导出的短视频。这里我们选择电脑 D 盘的一个文件夹。

在导出设置页面的 "预设" 中，包含了不同级别比特率和分辨率的画面质量，它们决定了短视频数据传输速度和画面显示质量，通常越高的比特率和分辨率代表了越高的画面和音频质量，同时会占用更多的存储空间，我们可以根据需求进行选择。这里我们选择 "Match Source–Adaptive High Bitrate"，意即 "匹配源 – 自适应高比特率输出"，如图 8-5 所示。

图 8-4　　　　　　　　　　　　图 8-5

在导出设置页面的 "格式" 中，包含了几乎全部常用种类的短视频编码格式，如 "AVI" "GIF" "H.264" "AIFF" 等，它们分别适用于不同的设备和软件。这里我们选择 "H.264" 格式，如图 8-6 所示。

在导出设置页面的 "视频" 中，我们可以更改有关视频的基本设置，如 "以最大深度渲染" "使用最高渲染质量" "仅渲染 Alpha 通道"

和"时间插值"等，如图 8-7 所示。需要注意的是受到格式的限制，某些设置无法手动更改。这里我们勾选"使用最高渲染质量"，并将"目标比特率"更改为"12"，以获得更好的画面效果。

图 8-6

图 8-7

在导出设置页面的"音频"中，我们可以更改有关音频的基本设置，如"音频格式""声道""音频解码器""采样率""声道"和"比特率"等，如图 8-8 所示。这里我们将"比特率"更改为"512"，以获得更好的音频效果。

我们还可以根据专业需求对剩余的"多路复用器""字幕""效果""元数据"和"常规"等设置进行更改，如图 8-9 所示。这里我们保持默认设置即可。

图 8-8

在界面右侧的"预览"下方，我们可以对导出的"范围"和"缩放"进行设置，这里我们选择"范围"为"源入点 / 出点"，也就是我们刚刚设置的短视频入点和出点之间的短视频内容，如图 8-10 所示。

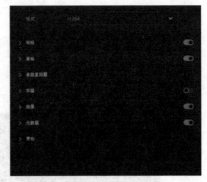

在下方的"源"和"输出"说明中，我们可以看到我们选择的对该短视频导出的设置内容，还可以看到预估文件大小为"15MB"；确认好之后，我们点击"导出"即可完成短视频的导出。

图 8-9

图 8-10

## 8.1.2 剪映的导出基本设置

由于移动端剪辑软件的体量限制问题，剪映的导出设置模块较为简单，同时可选择性也较小。

我们在剪映中打开一个制作完成的项目，在视频剪辑页面中点击画面右上角的"1080P"，如图 8-11 所示。

在弹出窗口中我们可以看到"短视频"或"GIF"的导出设置选项，在"短视频"选项中有"分辨率""帧率""码率（Mbps）"和"智能 HDR"等，我们可以在预设数值中进行选择。剪映为我们预设了"480p""720p""1080p""2K/4K"四种分辨率选项，"24""25""30""50""60"五种帧率选项，"较低""推荐""较高"三种码率选项，数值越大则短视频画面质量越高，占用空间也越大。

这里我们选择"2K/4K"分辨率、"30"帧率和"推荐"码率，可以看到文件大小约为 39M，我们点击"导出"，即可完成短视频的导出，如图 8-12 所示。

图 8-11

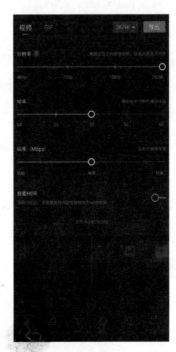

图 8-12

## 8.2　短视频的格式转换与压缩

使用剪辑软件导出短视频有一定的格式和大小限制，如果无法达到短视频平台的发布需求则需要进行格式转换与压缩。为了平衡优质的短视频画面质量与占用存储空间，我们可以选择运用第三方软件对短视频进行格式转换与压缩。

格式工厂是一款非常实用的媒体处理软件，它支持几乎所有类型的多媒体格式转换，包括对视频、音频和图像等的处理。下面就让我们以格式工厂的 5.17.0.0 版本为例，一起来学习短视频的格式转换与压缩吧。

我们打开格式工厂，进入主页面，可以看到左侧有"视频""音频""图片""文档"等选项；点击"视频"，可以看到有将视频格式转换成 MP4、MKV、GIF、WebM 等的功能，还有"视频合并 & 混流""分离器"等功能，如图 8-13 所示。

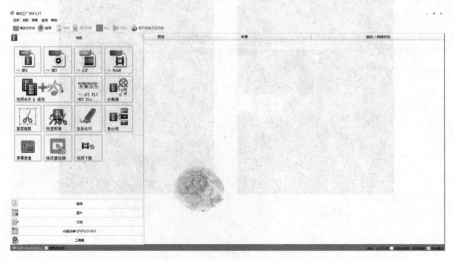

图 8-13

　　这里我们点击"→ MP4"的图标，会弹出一个"添加文件"的对话框，可以一次性选择多个短视频同时进行处理；在该页面的左下角我们可以更改文件的输出位置，如图 8-14 所示。这里我们选择需要处理的短视频文件添加进去即可。

图 8-14

　　在该页面的右上角"输出配置"中，我们可以选择预设的输出质量，或手动对"大小限制""短视频编码""屏幕大小"和"码率"等进行修改。这里我们直接选择"最优化的质量和大小"预设，然后点击"确定"，如图 8-15 所示。

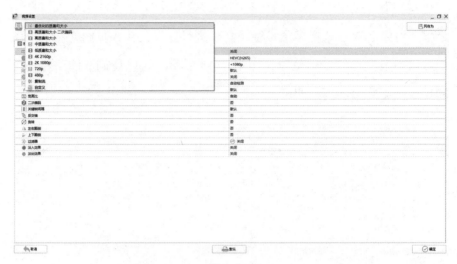

图 8-15

在弹出页面的右侧，我们可以看到"分割"和"选项"，里面提供了一些简单的二次剪辑处理功能，可以根据需求进行设置，如图 8-16所示。这里我们保持默认设置即可。

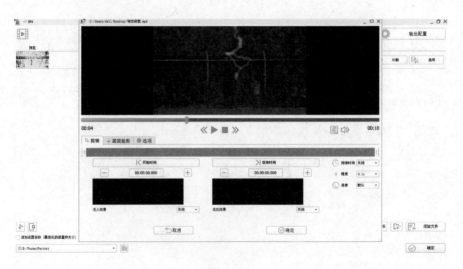

图 8-16

我们点击该页面右下角的"确定",返回主页面,发现短视频显示"等待中";我们点击左上角菜单栏中的"开始",系统会对短视频进行处理,如图 8-17 所示。

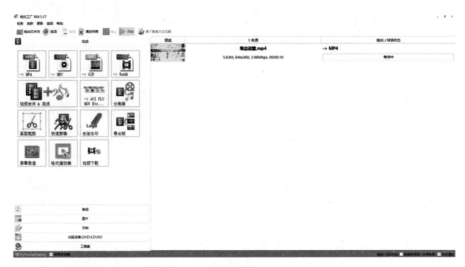

图 8-17

等待片刻,短视频处理完成后,我们可以看到,其大小变为了原短视频的 33%;点击短视频右侧的播放图标,我们可以对其进行观看,如图 8-18 所示。在我们之前设置的输出位置可以找到该短视频。

图 8-18

## 8.3　短视频的存储、分享与发布

短视频的存储、分享与发布是我们工作流程的最后一个环节，它决定了短视频的点击率和浏览量。下面让我们一起来学习下短视频的存储、分享和发布操作吧。

### 8.3.1　短视频的存储

我们可以将未完成制作的短视频存储在剪辑软件的"草稿"中；可以将完成制作的短视频存储到手机或电脑的文件夹、外置硬盘、U盘或 SD 卡等中。

一些云空间也是我们存储短视频或备份短视频的选择，如百度网盘等。我们还可以将待发布的短视频上传到社交软件或短视频平台的"草稿"中进行暂时存放。

## 8.3.2　短视频的分享

目前国内的主流生活社交软件有微信、QQ、微博等，我们可以将体量较小的短视频选择以私信的形式直接发送给亲朋好友，注意一些平台会对发送短视频的体量大小做出限制。

我们还可以将短视频分享到自己的社交圈里，同时让多位好友观看，如微信的"朋友圈"、QQ 的"QQ 空间"等。

对于一些时长较长或体量较大的短视频，我们可以选择先发布至短视频平台，如抖音、快手和哔哩哔哩等，再以链接的形式通过平台分享给别人。

## 8.3.3　短视频的发布

我们可以将短视频直接发布到主流短视频平台上，这里我们以抖音为例进行演示。

我们在手机上打开抖音，点击主页面下方的"+"图标，即可打开拍摄页面。在这里，我们既可以在"视频"选项下直接点击红色按钮快速拍摄创作短视频，也可以点击红色按钮右侧的"相册"，从手机中选择已经制作好的作品进行上传。

这里我们从手机中选择一个已经剪辑好的短视频，进入到发布设置页面。在该页面的右侧工具栏中，我们可以在"设置"中进行一些高级设置，还可以对短视频再次进行"剪辑""文字""贴纸""特效""滤镜"等方面的操作。在该页面正上方，我们可以点击"选择音乐"为短视频添加音乐。

　　确定不再修改后，我们若点击"朋友日常"，则会一键发布短视频；若点击"下一步"，则会进入为作品添加作品描述、话题、标签、定位，修改可见范围和其他高级设置的页面。设置完成以后，我们就可以点击"发作品"进行发布了。

　　成功发布以后，我们在"我"页面即可看到自己刚刚发布的作品，并且可以自由地将其分享给我们的亲朋好友。